森へ、入ろう。

菩提樹

芽生え

ツノハシバミの雌花

オトシブミの揺りかご

ビロウドツリアブ

河津桜とメジロ

アカタテハ

染井吉野とスズメ

はじめに

本書は神奈川新聞の県西版で２００９年5月から２０１6年3月までの長期にわたって吉田文雄さんが執筆された連載「四季のたより」全３３８回の中から１００編を選び、「春夏編」（秋冬編もいずれ出版予定）として編まれたものである。連載期間中から多くの読者に「本にしてほしい」というお声をいただき、ようやく形になった。吉田さんの自然への洞察と愛情に満ちた写真と文章を手元に置ける1冊は、連載に触れる機会がなかった方々にも、心を癒やす自然へのいざないとなると信じてやまない。

１９４３年生まれの吉田さんは鹿児島大学を卒業後、神奈川県内の小中学校の教員（理科）をされた。横浜、厚木、清川の先生を経て七沢自然教室の主幹などをされ、博物館学芸員や1級ビオトープ計画・施工管理士などの資格を取得。『あつぎ自然歳時記』（国書刊行会）、『コケの世界』（ＭＯＡ美術館・文化財団）など著書、共著もあり、専門はコケ類だ。

連載の執筆は厚木市内の中学校長を最後に定年退職後、神奈川県立足柄ふれあいの村（南足柄市）の学芸員をされていた際に、写真を見た弊社記者から頼まれたのがきっかけだった。地元新聞の連載ということで、足柄ふれあいの村や狩川・大雄山最乗寺周辺など身近な自然に題材をとったものが中心となっている。

年末年始など紙面の都合で休む以外のほぼ毎週の執筆は生やさしいことではない。生き物相手であり、狙ったものが見当たらない、いたとしても写真が撮れないことだってある。しかも、できるだけ生き物たちに負荷をかけないよう、驚かせないよう、この本のタイトルにある「友達」のように接して待つのが吉田さんである。

山登りもされるので年齢以上に壮健な印象を受ける吉田さんだが、声は少し高めでささやくように話される。子どもの時に、こんな優しい先生に会ったら懐いてしまいそうな方である。もちろん付け加えるなら、丸7年の歳月を執筆し続けられたのは、秘めたる情熱の持ち主であることの証左だろう。

学校の先生でいらしたから、難しい言葉はない。「優雅に滑空する逆八」（サカハチチョウ）、「美しく正確な設計士」（ゴマダラオトシブミ）、「心も温まる『星の花』」（オオイヌノフグリ）—。見出しだけでも、どんな話が展開されるか興味を持っていただけるはずだ。

都会では少し嫌われがち（?・）なハチたちのおしゃれな色合いに目を向けさせてくれ、ルーペで見なければ分からないようなコケが自然の豊かさのバロメーターであることを教えてくれる。タヒバリがあくびをする瞬間をとらえた写真など、生き物たちの挙措に思わず笑ってしまうこともある。里山の清涼な空気まで切り取ったような一つひとつが、一緒にその場をのぞき込んでいるような気持ちにさせられる。

神奈川の一地域に目を向けただけでも、日本の自然、日本の四季とはなんて豊かなのだろう、という思いに駆られる。「人間が自然のことを忘れていても、自然はいつも変わらず温かく人間を迎え入れてくれる。自然に触れ、自然を学び、人間らしく生きたいものだ」。本書に収められた吉田さんのこのメッセージを皆さんにお届けしたい。

神奈川新聞社湘南・西湘総局長　西郷公子

目次

自然は友だち　春夏編

～足柄山地をめぐって出会う　生きものたちのふしぎ～

文・写真
吉田文雄

神奈川新聞県西版と横浜版に、２００９年5月13日から２０１６年３月30日まで３３８回にわたって掲載された「四季のたより～足柄ふれあいの村から～」。本書はこの中から春と夏を題材とする珠玉の１００編に新たな写真を挿入し、加筆・修正してまとめたものです。

春編

春の訪れとともに 去りゆく冬鳥たち

ジョウビタキ

ベニマシコ

ルリビタキ

ツグミ

アカハラ

キレンジャク

左上から時計回りに、ムカゴネコノメ、ヨゴレネコノメ、ユリワサビ、ハナネコノメ

ハナネコノメ

春の妖精そっと咲く

ユキノシタ科

やや湿った杉林に降りると、大きな杉の株に美しいヒノキゴケがたくさん生育していた。環境の良いところだなと思いながら林床に目を向けると、若草色の小さな葉が無数に見えた。葉は対生で、4ミリほどの鮮やかな黄色の花がたくさん咲いていた。どこにでもあるわけではなく、貴重な種類と思われるムカゴネコノメだった。

　そのまま川縁を進むと、イワボタンに似ているが、雄しべの葯《やく》が赤いヨゴレネコノメやヤマネコノメソウが咲き始めていた。傾斜のある土手に来ると、アブラナ科の4弁花でワサビの花に似た白い清楚なユリワサビの花が咲いていた。ユリワサビは山地の渓谷に生える多年草。小さな葉をもむとほのかにワサビの香りがし、疲れを忘れ記憶

を戻してくれた。
　去年は花の時期を過ぎ、見ることが出来なかったハナネコノメが気になった。
　その場所を探すと、渓流の流れがすっかり変わっていたが、残った縁に数本のハナネコノメが咲いていた。赤い雄しべ、花弁に見える白い萼片《がくへん》が美しく、そっと咲く春の妖精たちに出会いほっとした。
　引き返そうと急坂を登ろうとしたとき、靴が滑って左足が水の中に落ちてしまった。厚手の靴下がたっぷりと山の雪解け水を吸い、爪が痛くなるほど冷たかった。仕方なくゴミ拾い用のビニールを履いていると、すぐそばで高らかにミソサザイのさえずりが聞こえ、足は次第に温かくなってきた。もう冬の寒さは越えているなと思った。

アトリ

楽しそうな鳥の乱舞

アトリ科

「キリキリ、チュイーン チュイーン」と、カワラヒワの鳴き声が聞こえてきた。大きなケヤキの木に30羽ほどの群れが止まっていて、その一段高いところに1羽の雄がいた。

このカワラヒワが群れのリーダーなのか、辺りを気にしながら、遠くまで響き渡る大きな声で鳴いていた。別の一団が現れるとその集団は杉林の方へ飛んでいき、杉の実の殻に止まり器用に種子を取り出しては食べていた。小さな種子は食べるそばからポロポロとこぼれ落ちたが、その種子は下にいる集団が食べていた。みんなそれぞれ工夫しながら少ない食べ物を探し生きているのだ。

しばらくすると、カワラヒワより少し大きいアトリが飛んできた。全長16センチほどの大きさで橙色と白い腰が特徴の美しい鳥だ。飛んできたと思ったら、またすぐに大きなモミの木の方へと飛んでいった。

飛ぶ群れの姿は、羽を開くと十字に見え、閉じると豆粒のように見えた。モミの木の方へ飛んだと思ったらまたケヤキの木へと行ったり来たりしていた。それは「そっちも良いけどこっちにもおいしい食事が待っているよ」とでもいうように楽しそうに乱舞する姿だった。

アトリは冬鳥として渡来し、スギやモミ、シデ類や草の種子などを食べて過ごしている。知らない土地に飛んできていろいろな苦労があったことだろう。たくさん食べて、繁殖地の北の国（ロシア、シベリア）に元気に帰ってほしい。

楽しく乱舞するアトリ（上）／橙色と白い腰が美しい（下）

モミジイチゴ（別名キイチゴ）

バラ科

清楚に咲いた白い花

落ち葉を踏みしめながら雑木林を歩いて行くと、白いコブシの花がたくさん咲いていた。樹木全体に散りばめられたように花が咲き、コブシの木の自然な樹形が分かって面白い。

春の嵐を呼び込んだ偏西風に乗って、遠くの山がかすむほどの黄砂が日本列島に降ってきた。風に揺れ、一見ひ弱そうに見えるコブシの花だが、何事もなかったように美しく清楚な花を咲かせていた。

林床にはクサイチゴの花が無数に咲き、マルハナバチの仲間が盛んに蜜を吸っていた。斜面の明るい方に飛んでいくマルハナバチを見ながらゆっくりと後をついて行くと、燦々と降り注ぐ光の中にこれも清楚で美しいモミジイチゴの花がうつむき加減に咲いていた。

花から花へとぶら下がるように動く黒い模様のクロマルハナバチは、花の盛りのものばかりを狙っていると思っていたらそうでもなく、咲き終わった花まで一つ一つ丁寧に探しその味を楽しんでいた。花の命もハチの命も短いけれど、今を立派に生きる姿に感銘を受けた。

モミジイチゴの名は、モミジの葉に似ていることに由来する。各地から桜の開花宣言やツバメの飛来が伝わってきた。元気なクロマルハナバチに「もう春だよ」と、教えられた。

清楚に咲いたコブシの花（上）／咲き終わった花も大切にするクロマルハナバチ（下）

大雄紅桜

バラ科

風雪に耐えた根性桜

大粒の雨が降り、霧に煙る新緑の里山が幻想的な趣を漂わせている。

大雄町の花咲く里山の坂道を上って行くと、水量を増した上総川沿いに1本のサクラが咲いていていた。40年前に見つかった大雄紅桜（ダイユウベニザクラ）といい、大切に保護されている。

カンヒザクラとソメイヨシノを対照品種として比較すると、開花時期は3月上旬と4月上旬、花は下向きで釣り鐘状と横向きで平ら、花の色は鮮紫ピンクと淡紫ピンクである。大雄紅桜はその中間的な要素を持ち合わせており、少し厚めで紫がかった濃いピンク色の花が美しい。

どこから生えているのだろうと根元を探すと、あっと驚いてしまった。護岸工事の硬い石垣の間に根をおろし、石割桜のように縦横に奥深く根を張りめぐらし、天に向かって伸び、類いまれな美しい花を咲かせている。

晴れれば、アリやハナバチやチョウ、ウグイスやメジロ、ヒヨドリやカワラヒワ、そして多くの人々が訪れ賑やかだ。

雨の日は訪れる人もいないが、桜にとっては恵みの雨なのか一段と美しい。

花咲く里山を訪ねると、こんな美しい貴重な花に出会えるが、その陰で幾多の風雪を耐え抜いてきた大雄紅桜のど根性と、それを支えてくれた優しい人の心を忘れてはならない。

雨の日も美しい大雄紅桜

キブシ

キブシ科

早春に咲く鐘形の花

枝先に小さな鳥が止まり、忙しそうに辺りを見ている。双眼鏡で見ると、緑色の体で目の周りが白いメジロだった。2羽のメジロが止まっていたのはキブシの枝で、仲良く花の蜜を吸っていたのだった。こんなに小さな花をよく見つけたものだと思ったが、この小さな花にも蜜がたくさんあることに驚いた。

メジロは、穂状に下がったキブシの花の一つ一つを丁寧に吸っていたが「チュチィーン」とひと鳴きすると満足そうにゆっくり飛んでいった。

キブシの花に近づくと、ちょうど目の高さに「かんざし」をぶら下げたような美しい穂状の花が咲いていていてほのかに春の香りがする。キブシは雌雄異株で、雄花は淡黄色で濃い黄色の雄しべが目立ち、雌花は淡黄緑色で同じように緑色の雌しべが目立ち雄花よりやや小さい。

鐘形をした花はとても小さくて7ミリほどしかないが、寒い冬を越し花の少ない早春にそっと咲き美しく、鳥やハナアブたちの人気の花だ。

東日本大震災と原発が、想定できない災害をもたらしたことに言葉も出ない。国内から世界中から、物心両面にわたり温かい愛の手が差し伸べられている。記念に植えた小さな梅の木が津波に流されないでつぼみを付けたことも放映されていた。

世界中からの愛の手で一日も早い復興を願い、何か自分にできることから始めたいと思う。

仲の良い２羽のメジロ（上）／鐘形に下がる美しいキブシの雄花（下）

タヒバリ

セキレイ科

春を感じる鳥の行動

雪に半分だけ埋もれたヤブコウジの赤い実が、雪の白さに映え、美しく輝いている。少しぐらい雪が積もっていても、風さえなければ暖かで、真っ白になった丹沢の山々をいつもより近くに感じ、歩くのが楽しくなる。

ナンテンの赤い実の上を「ヒィーヨヒィーヨ　いいよ、良いよ」と鳴きながら、ヒヨドリが飛んで行った。ナンテンの木の下は雪が解けていて、1羽のタヒバリが静かに餌を探していた。

タヒバリは、体長16センチほどで、セキレイ類の特色である尾を上下に振る動作をする。冬鳥として渡来し、河原や田畑などで草の実や昆虫を探しているのをよく見かける。

1羽と思っていたが、気がつくと、いつの間にか5羽に増えていた。相変わらず物音ひとつ立てないで慎重に行動し、地面の色ともよく似ているので見つけにくかったのだろう。天気も回復し暖かくなってきた時、タヒバリが一つ大きな〝あくび〟をした。こちらも少し眠気が差してきたところだったので、気持ちが通じたのかなと思って苦笑した。先ほど見たモズも眠気を催したのか、何となくのどかなあくびをし、危険を感じさせなかった。

土手の雪の間から、カラスノエンドウやヒメオドリコソウが芽を出している。もう春が近いよと、タヒバリがあくびで教えてくれたのかもしれない。

春を感じ、のんきに「あくび」をするタヒバリ（上）とモズ（下）

モスグリーンの色が美しいタマゴケ

タマゴケ

身近で楽しい発見が

タマゴケ科

２０１２年２月29日、ラジオやテレビで大雪注意報の放送がされ、野山も街も真っ白になったが、次の日は快晴で暖かく大半の雪は解けてしまった。水溜りには、産卵から数日たったと思われるヤマアカガエルの卵塊があって、春が近いことを知らせてくれる。

雑木林の縁は、木漏れ日が差していて薄い黄緑色をしたタマゴケが塊状になって幾つも見られた。細長い葉は少し乾燥して縮れているが、触れるとふわっとしたクッションのようで、気持ちの良い感触が残る。

タマゴケは、低地や山地の水分を含んだ日当たりの良い林縁でよく見られ、高さ５～７センチほど。蒴柄《さくへい》の先端に

は、名の由来となった玉のように丸い蒴《さく》があり〝目玉おやじ〟のようで目につきやすい。

コケ類は、寒い時期であっても新しい芽を出し、早春に蒴を付けているものも多くある。環境のものさしになるコケ、干支にちなんだコケ、そして自然界でのコケの役目など、小さなコケも大きな役割を持っているような気がする。

庭の隅っこや公園など、みなさんの身近なところにもひっそりと生きているコケ、注意して見ていると、また楽しい発見があるかもしれない。

花の奥にある甘い蜜を探すホソヒラタアブ

オオイヌノフグリ

心も温まる「星の花」

ゴマノハグサ科

燦々と降り注ぐ太陽の光を受けて、オオイヌノフグリの花が、辺り一面に咲いた。花は緑の野原に点々とあり、まるで青い星を散りばめたように美しく野原を覆っていた。

　コバルトブルーの鮮やかな色をしたオオイヌノフグリは、明治のころに見つかった帰化植物で、4枚の花弁、2本の雄しべ、1本の雌しべがあり、どの花も均整がとれて空に向かって伸びている。茎はよく分枝し、周りに広がっていく。葉の付き方は、始め対生だが、成長した上部の方では互生するという不思議な性質を持っている。

　美しい花に見とれていると、1センチほどのホソヒラタアブが飛んできて、花に止まろうかどうしようかと迷い

ながら、空中停止した状態で羽を動かしていたが、花をいとおしむようにそっと止まった。

長く細い茎はゆらゆら揺れるたびに、2本の雄しべの先端の花粉がホソヒラタアブの体に付く。雌しべの奥の方で光る甘い蜜に近づくたびに、受粉という大きな役目を果たしてくれていたのだ。

石の上に座ると、風もなくポカポカと春の日差しが暖かく包み、光を栄養に変えた青い星の花の美しさに何となく心も温かくなってきた。

東日本大震災から1年、どこかで咲く小さな花が、人々の心のともしびとなって明かりをつけてほしいと願いつつ、自分にできる支援を続けたい。

サザンカ

ツバキ科

雪解けの滴に輝く花

雪解けの1滴の水の中で輝くサザンカの花

降り始めた淡雪が、しばらくすると積もり始めた。ケヤキ、クヌギ、コナラの木々が雪化粧をし、モミの木やスギの木もいつの間にか真っ白になりクリスマスツリーを連想させるような美しさだ。

翌朝も粉雪が舞い、辺り一面の銀世界の中を歩くと淡い桃色のサザンカの花が水分を含み薄紅色に輝き、その美しさに世間へのわだかまりが一切消えてしまった。サザンカは、南足柄市の木に指定されていて、童謡にも歌われている。花の少ない寒い時期に咲く美しい花で、生け垣として植栽されている。

午後の日差しが輝き始めると、美しかった雪もまたたく間に解けはじめ、サザンカの薄紅色の花も淡い桃色に変

わっていった。サザンカに積もっていた雪も霙《みぞれ》状の氷になり、解けた水があちこちからポタリポタリと落ち始めた。

何気なく見ていたが、氷の先に集められた水分はふわっと膨らみ、その膨らみに辺りの景色が映し出されると、ぽたっと落ちていった。日が差してきて雪が解け、一滴の水が膨らむのに時間がかかるようになった。やっと膨らんだ水は、太陽の光を反射させ、真ん中にサザンカの花をきれいに映し出し輝いていた。

自然の織り成す現象は実にはかないものであるが、今日見たサザンカの花は、心の中に永遠に残るくらい美しいものであった。

アカゲラ

キツツキ科

お洒落で美しい鳥

「キョッ、キョッキョッ」と遠くの方でアカゲラの声が聞こえてきた。声の方へと向かって進んだが、見当が外れてしまったのか、声は聞こえなくなった。広い森の中なので仕方がないと諦めて歩いていると、「チイ、チイ」と鳴き交わしながらメジロが飛んで来た。メジロは、次々に現れると目の前のヒサカキの枝に止まり、黒い実を口いっぱいに咥え、楽しそうに飛んで行った。

しばらくすると、また「キョッキョッ」と近くのコナラの木の上から聞こえてきた。やっぱりさっきの方角でよかったと安心し、腰をおろしそっと見上げると、大きな幹に止まってこちらを見下ろしているアカゲラの姿があった。気がついたわけではないが、近くの松の木に飛び幹の周りを意外に素早く回り、時おりコツコツ、コンコンと突く音が静かな森の中に響く。

アカゲラは、全長24センチほどで、枯れ木や幹に隠れる昆虫を上手に捕まえるキツツキ。雄は後頭部に鮮やかな赤色班があるが雌にはないので、雌雄の区別がつけやすい。白と黒の模様が左右対称で、下腹部の染めたような赤色が目立つお洒落な衣装を着た、本当に美しい鳥だ。

この森には、「ギィー」と鳴くコゲラ、「ピョーピョー」と鳴くアオゲラ、アカゲラの3種類のキツツキとたまに見かけるアリスイがいる。いつまでも豊かな環境が整ってほしいものだ。

美しい衣装を着た雄のアカゲラ（上）／ヒサカキの実を食べるメジロ（下）

ヤマアカガエル

アカガエル科

春到来に澄んだ歌声

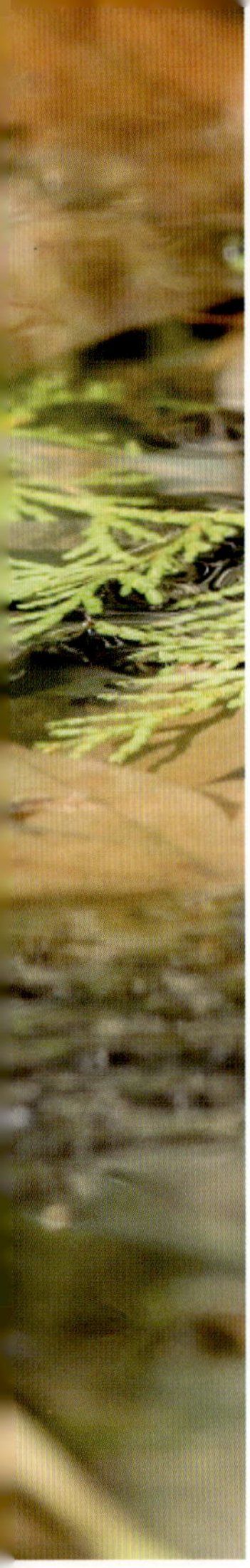

楽しいヤマアカガエルの歌声が聞こえる水辺

風はまだ寒いが、どこかで春が待っているような気がして出かけてみた。萌黄色でまだつぼみのフキノトウが見つかり、春の兆しを感じた。小さな池の辺に来ると、水面に光るものが見えた。もしかしてと思いながら近づくと、ヤマアカガエルの卵塊が10個ほど産み付けられていた。1個の卵塊には、千個以上の卵があり、2ミリほどの黒い一つ一つの卵は、ゼリー状の透明な寒天質に覆われていた。

体長4～8センチほどのヤマアカガエルは、2月後半の雨の日に20匹ほどが水辺を探し、産卵をしたようだ。水が凍る日もあるが、卵は寒天質にしっかり守られていた。この卵塊から無事に親蛙まで成長できるのは何匹いるだろう

か。生き物が育つためには、それを取り巻く環境が大切だ。
帰り道、再び池の近くに来ると、「キャララキャララ」「キャララキャララ」と、何とも例えようのないヤマアカガエルの不思議な声が聞こえてきた。そばを通りかかった人も一緒になって見ていると、1匹が鳴けばそれに答えるようにそばに寄り添い楽しそうに鳴いていた。もう一度みんなで耳を澄ませて聞くと「キャララキュルルルキャララ、キョロロロココココ」とまるで童謡「蛙の笛」を思い出すような、ヤマアカガエルたちの澄んだ歌声が水辺から聞こえてきて、通りがかりの人たちみんな笑顔になって「蛙の笛」を歌いながら去っていった。楽しい春がやってきた。

大雄山最乗寺参道脇で谷間にひっそりと咲くムカゴネコノメ

ムカゴネコノメ

谷間に春知らせる花

ユキノシタ科

雨上がりで湿った杉の根元に、柔らかでふわふわっとした感じのヒノキゴケが伸びていて美しい。このコケは数年前、世界遺産に登録されている京都西芳寺の苔庭で見かけたが、県内では、箱根や丹沢の山に登った時に見かけたきりで、こんな低地にもたくさん生えているのに驚いた。

　大きな杉のそばを通り過ぎたが、瑞々しい葉と小さな黄色いものが気になり引き返した。もう一度足元に目を移すと、手を広げたような扇形をした、大きさ1センチほどの葉がたくさんあり、その中心に4ミリほどの花が見えた。葉は、朝露に濡れ、時折差す木漏れ日の中で美しく輝き、小さな黄色い花を引き立てていた。葉や花の形から、山地の湿地帯に生える多年

草のムカゴネコノメであった。5センチほどの花茎の先端に数個の花をつけていた。直径4ミリほどの黄色い花の中に、濃い黄色の雄しべが8本見え、その美しさに思わず息をのんだ。

　ムカゴネコノメの名の由来は、地下茎を伸ばしその先に珠《むか》芽《ご》をつけた猫の目草のことで、種子ができた時の様子が昼間の猫の瞳孔のように見えることによる。

　大きな杉の木々は空高くそびえ、大きな森を形成し、悠久の歴史を物語っている。小さくて目立たないかもしれないが、林床に生えるムカゴネコノメは、木漏れ日の差す谷間にも春が来たことを知らせてくれていた。長い人生、時には立ち止まったり、寄り道をしたり、引き返したりすることも大切なことだ。

タチツボスミレ／クリスマスローズ／大雄紅桜／菜の花

里山彩る花々に感嘆

左上から時計回りに、大雄紅桜、タチツボスミレ、クリスマスローズ、菜の花とビロウドツリアブ

花咲く里山に着くと「ホーホケキョ」と、どこからともなくのどかなウグイスの声が聞こえてきた。川縁の道祖神に手を合わせ、上総川の清流を見ているとカワセミやカワガラスが春の光の中を楽しそうに飛んで行った。

タチツボスミレが咲く土手に沿って歩くと、岩の間に根を下ろした大雄紅桜の花が咲いていた。青空に映える花は今まで以上に美しく、メジロやヒヨドリが木々の間を飛びながら楽しそうに歌い、育てた人の心を表すように温かく迎えてくれた。ほのかな甘い香りに誘われて、ミツバチやビロウドツリアブたちも花にぶら下がるようにしながら思い思いに蜜を吸っていた。里山でしか見られない花の心ときめく美しさに感嘆してしま

い、言葉に表せないほどだ。

少し歩くと、クリスマスローズの花がたくさん咲いていた。白やピンク、濃い紫など色とりどりの花は、春の柔らかな光の中で今を盛りと咲き誇っていた。

咲き始めたシダレザクラは小高い丘にあり、この辺りからは、遠くに形良い三角形をした大山の姿が見られ、途中で見た菜の花の黄色と大雄紅桜のピンク色が重なり合い、いつもとは違った美しい景観を見せてくれた。

「ホーホケキョ、ホーホケキョ」と、またさえずりが聞こえてきた。高い枝を見ると、喉を膨らませ、胸の辺りを波打たせるようにして鳴くウグイスが春の喜びを歌っているようだった。

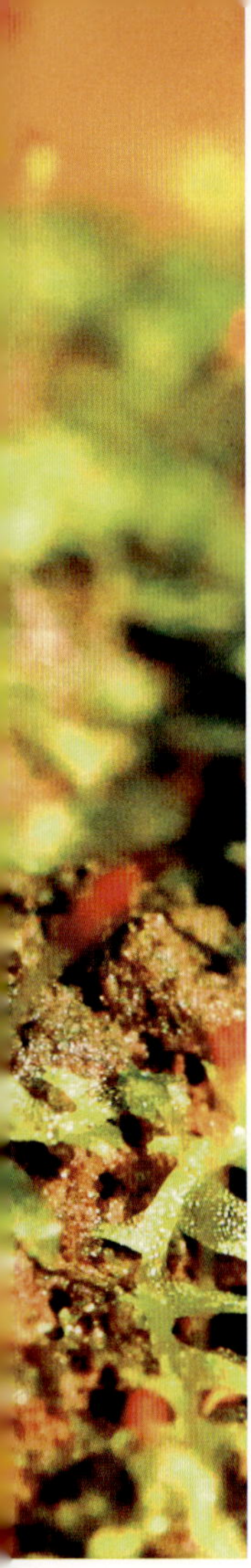

左側に2本見えるのがキュウシュウホウオウゴケの蒴、真ん中はサツマホウオウゴケ、右下がチャボホラゴケモドキの葉

キュウシュウホウオウゴケ
サツマホウオウゴケ

本当の強さ感じた日

ホウオウゴケ科

崖の上にあった杉の木が、先日の南岸低気圧がもたらした大雪と吹雪により倒されてしまった。この場所は石組みの橋が架かっていたが、台風による大雨で橋もろとも崩壊し地盤が緩んでいたのかもしれない。倒れた木の周りには、解け始めた軟らかい雪がありイノシシとタヌキの足跡があった。寒い雪の中で食料を探していたのだろう。

日の当たる崖は、雪が解け緑色のコケ類やシダ植物が眩しそうに顔を出していた。何気なく見ていると、葉の先端がU字形に2裂したチャボホラゴケモドキが地を這うようにあちこちに伸びていた。

よく見ると、高さ3ミリほどに伸びた茎（蒴柄《さくへい》）の先端に赤い蒴が見えた。もう一度

目を凝らして見ると幾つも蒴が空に向かって伸びていた。
ルーペを使ってよく見直すと、葉は2ミリほどの大きさで4対ほどあり中心に筋のないサツマホウオウゴケと、それよりももっと小さな葉を3対ほどつけ中心に太い筋のあるキュウシュウホウオウゴケが見つかった。蒴柄は個体差もあるが細く長い方がキュウシュウホウオウゴケであった。
あの大雪にもめげずじっと寒さに耐え、雪解けとともに何事もなかったかのように美しい顔を出す小さなコケにただ驚き、本当の強さを感じた一日だった。

タゴガエル
春を呼ぶカエルの歌
アカガエル科

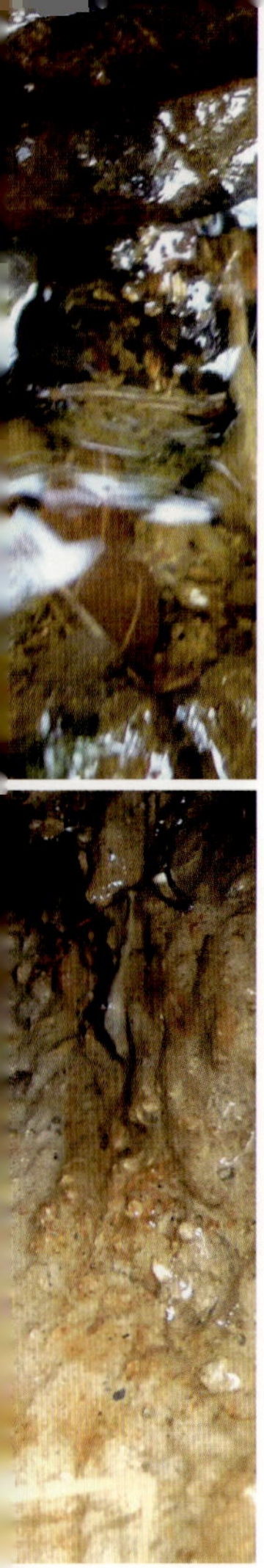

左上から時計回りに、壁に向かって鳴くタゴガエル、流れ落ちた卵、洞窟の奥にも産卵された卵塊、鳴き交わすカエルたち

雨上がりの野道を歩いていると、「ヒッ、ヒッ」と澄み切った鳴き声が聞こえてきた。ルリビタキだなと思い辺りを見ていると、鮮やかな青色をした雄のルリビタキが飛んできた。棒杭の上に止まり、仲間を探すように「ヒッ、ヒッヒッ」と甲高い声で鳴いていたがあっという間に飛んで行った。美しい瑠璃色の鳥に出合い今日も何か良いことがありそうな気がした。

雨に濡れた梅の花や山茶花の花を見ていると、「クックッ、グッグッ」とくぐもった声が聞こえた。辺りを見回しているとまた「クックッ、グッグッ」と声がした。5メートルほど先にある関東ローム層の地層に穴があり、その中で何かが動く気配がした。カメラを向けてシャッターを切ったが、手振れしてし

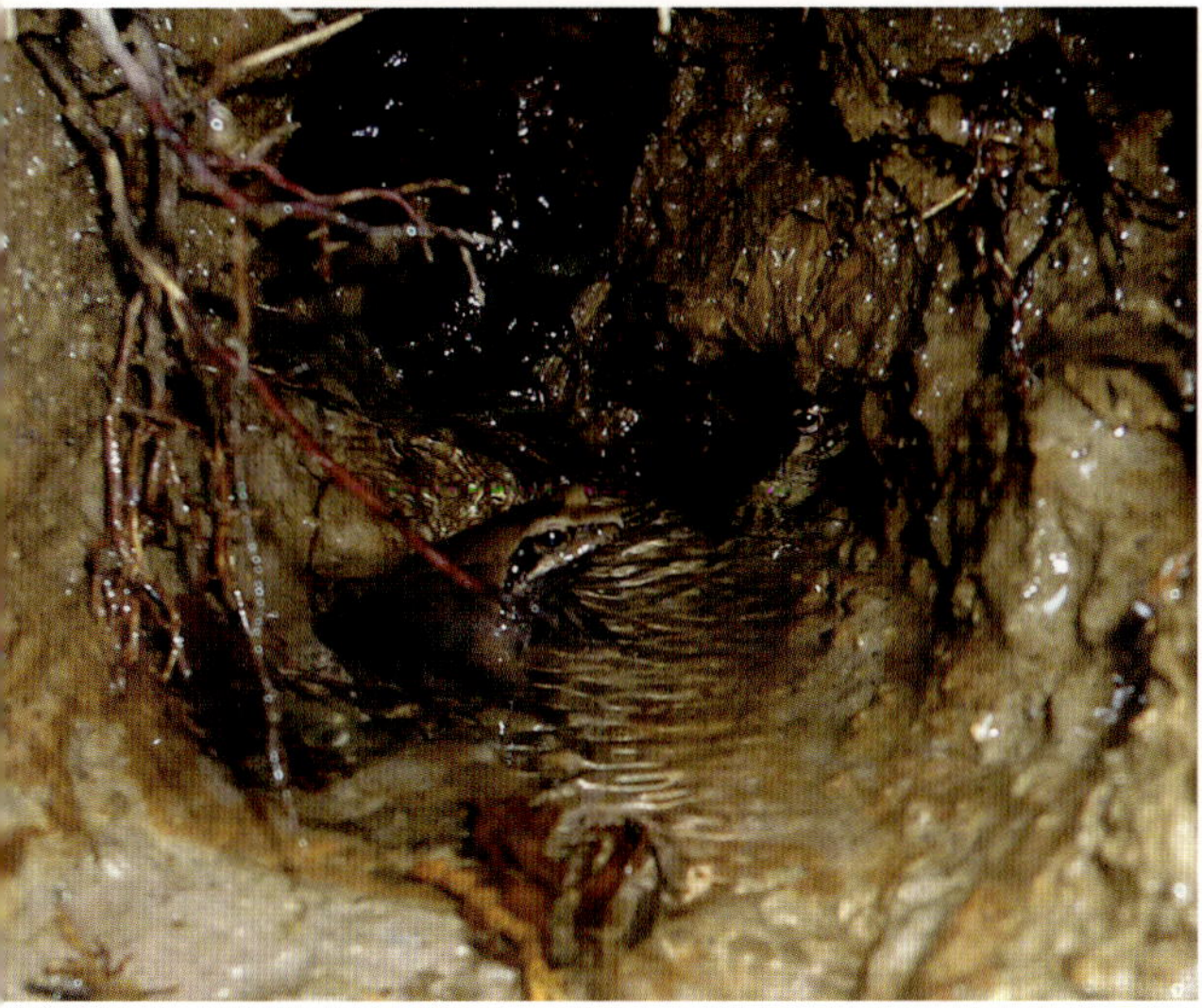

まった。もう一度撮り直すと4センチほどの雄のタゴガエルが壁に向かって鳴く姿が写っていた。「クックッ」と鳴く声が小さな洞窟の中に共鳴しくぐもって聞こえていたのだった。

　水は洞窟の奥から絶えず流れ出ていて、流れの下に4ミリほどのゼリー状の卵が落ちていた。気温は6度、水も冷たかろうなと思い水温を測ると10度を超えていて驚いた。地下水が温かいのを知っていたのだ。賢いカエルだなと思い、帰り道にもう一度そっと見ると「クックッ、グッグッ」、「クックッ、グッグッ」と楽しそうに鳴き交わしていた。

　それは春を呼ぶカエルのコーラスで、まるで辺りの空気まで暖かくなってきたような気がした。

次々と松かさを探す小さなヒガラ

ヒガラ

蝶ネクタイの哲学者

シジュウカラ科

「チョチンチョチン」と、遠くから小さな鳴き声が聞こえてきた。聞き慣れない声、シジュウカラやヤマガラよりも少し甲高い声だなと思い辺りを探したがいなかった。立ち去ろうとするとまた「チョチンチョチン」と、澄んだ声が聞こえてきた。マツの木の枝先がかすかに揺れ小さな影が横切っていった。マツの木には沢山の松かさがついていて、頭に冠羽のあるヒガラがこちらを見ていた。

ヒガラは、全長11センチほどで野鳥の中でもキクイタダキに次ぐ小さな鳥だ。松かさの上に止まり松かさの間から丹念に小さなマツの実を取り出して足と足の間に挟み突いていた。マツの種には翼が付いていて、食べかすとなった

翼の部分が風に吹かれてフワフワ舞いながら飛んでいった。

ヒガラは、よほど身が軽いのか数本の松葉を足で束ねるようにしてぶら下がり虫やクモを探し出していた。時折「ツィ、ツリリリ」と仲間と鳴き交わし、お互いの安全を確かめている。

今まで何度もこの場所を通ったが、ここにマツの木があったことに気づかなかった。ヒガラの鳴き声から松かさをつけた立派な木があることを教えてもらった。小さな鳥だが森のことをよく知っている鳥だと感心した。あまり見かけないが、物知りで落ち着いて静かに食料を探す姿が、胸にお洒落な蝶ネクタイをつけた哲学者に見えた。

オニシバリ

名前に負けぬ力強さ

ジンチョウゲ科

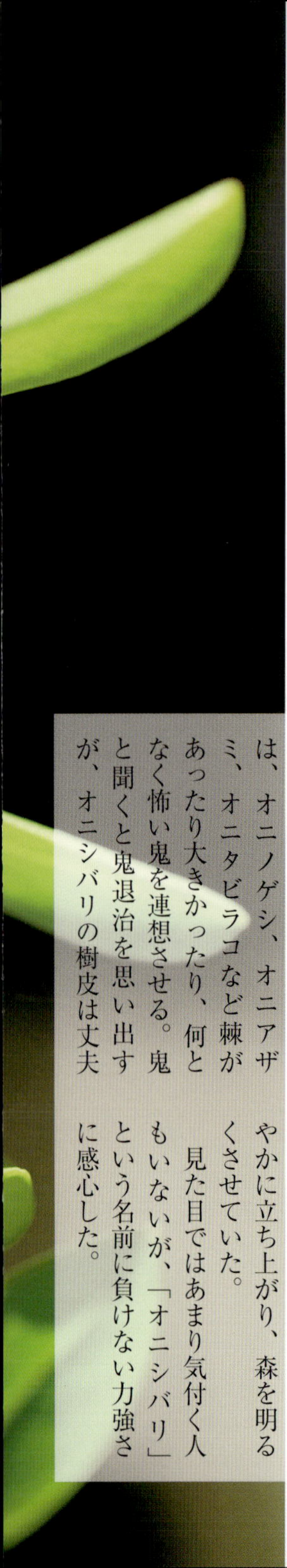

雨の日を喜ぶように咲くオニシバリの花

雨が降り、白い靄《もや》が立ち込めていたがやがて辺り一面真っ白になった。地面に降りた小さな鳥が、枯れ草の中で餌を探していた。逃げる様子もないが、少し回り道をして脅かさないように通り過ぎた。「チッチッ」と、小さく鳴く声からホオジロやカシラダカと思った。落ち葉を踏みしめた時「キリキリ、キリキリ」と鳴き、カワラヒワが飛び立った。鳥の声を聞き靄でなく霧だなと思った。

宿泊棟の近くに来ると、あまり目立たないが黄色いオニシバリの花がたくさん咲いていた。オニと名の付く植物は、オニノゲシ、オニアザミ、オニタビラコなど棘があったり大きかったり、何となく怖い鬼を連想させる。鬼と聞くと鬼退治を思い出すが、オニシバリの樹皮は丈夫で、鬼を縛っても切れないほど強いのが名のいわれという。また、冬の間に葉が茂り、夏には葉を全部落とすのでナツボウズ（夏坊主）ともいう。花は春に咲き、初夏に果実を付け熟すと真っ赤になりよく目立つ。

雨と霧の中でシャープな写真にならないが、よく見ると花の形がジンチョウゲと同じでほのかに高貴な香りがし、とても可愛らしい。あの大雪で強い樫や楢の木が折れていたが、この細いオニシバリは雪にすっぽりと埋もれていたのに何の傷もなかった。そして、春の雨を喜ぶようにしなやかに立ち上がり、森を明るくさせていた。

見た目ではあまり気付く人もいないが、「オニシバリ」という名前に負けない力強さに感心した。

タチヒダゴケ／ヒナノハイゴケ／キヨスミイトゴケ／フルノコゴケとサヤゴケ

ルーペ一つで別世界

左上から時計回りに、タチヒダゴケ、ヒナノハイゴケ、キヨスミイトゴケ、フルノコゴケとサヤゴケ（左）

雨が上がり澄み切った空気の中で深呼吸をすると、森の香で胸の中でつかえていたものが消え、歩くのが楽しくなる。ケヤキの木の前に来ると、幹に着生した緑色のコケがあった。1センチほどでいつも縮れているタチヒダゴケが瑞々しかった。ルーペで見ると葉の中心にある中肋《ちゅうろく》（葉の葉脈のような筋）や帽子（蒴帽《さくぼう》）を被った蒴《さく》があった。

帽子を被っていない蒴の口は八角形で中から小さな胞子が飛び出していた。幸先よく美しいコケを見て胸の中のモヤモヤが消えた。そばによく似たコケがあり、よく見ると葉に中肋のないヒナノハイゴケ（別名クチベニゴケ）であった。蒴歯は放射状に伸び、これも中から胞子が飛び出していた。

胞子は天気の良い日に飛ぶものと思っていたが、そうでない種類もあることに気付いた。サツキの植え込

みの中にキヨスミイトゴケがあった。この種は神奈川県では絶滅危惧Ⅱ類に指定された貴重な種類だ。辺りの環境の良さがうかがえる。

最近の世の中は何か殺伐としたことが多く、国民の模範となる政治家でさえ根拠のないヤジを飛ばしたり隠し事が多く、原発事故の汚染水は本当にコントロールされているのだろうかと疑問に思う。

クヌギの木のそばを通ると、フルノコゴケとサヤゴケが見つかった。ルーペで見ると小さな黄金の花が咲き、まるで別世界のような気がした。樹幹に着生するコケ類は辺りの環境を見る時の指標として利用される。人間が自然のことを忘れていても、自然はいつも変わらず温かく人間を迎え入れてくれる。自然に触れ自然を学び人間らしく生きたいものだ。

テン　イタチ科

忍者の如し走るテン

忍者のように身軽に動き、辺りを見回すテン

お昼のチャイムが鳴りしばらく経った。みんな食事中なのか、人の気配は全くなく風もない道は、降り注ぐ光で木々の葉がきらきらと輝くのどかな光景だった。

突然、ツツジの植え込みの下が揺れ白い顔が顔を出した。右左と辺りを素早く安全確認し、駆けるように広い道を横切り大きな石積みの上に登った。登ったというよりバネのように強靭な手足で跳ね上がったといった方が適当かもしれないほど機敏な動きだ。

大きな石に駆け上るとまた辺りを見回した。さっきよりも落ち着いた様子で石の匂いでもかぐような仕草をしていたが、前方の大きな石を見定めると一気に飛び上がってそのままこちらに向かって横に

走るとあっという間にいなくなった。ほんの数秒の出来事だが、まるで忍者そのもののように走るテンに感嘆した。

石や倒木の上に細長い糞があるのをよく見かけ、その糞の中に植物の種が混じっていたのでテンがいるのはわかっていた。まさかこんな昼間に出ることなど予想外でコンパクトカメラしかなかったが、テンに気付かれないよう身体を動かさないようにし、適当に数枚シャッターを押すと運よく1枚だけ映っていた。

テンは、体長45センチ、尾長20センチほどで山間部の森林で過ごし夜間に活動することが多い。テンを含め野生哺乳類の生息環境は年々悪化している。長期的展望に立った共存保全の策が望まれる。

左上から時計回りに、テングチョウ、アカタテハ、ルリシジミ、ビロウドツリアブ

テングチョウ／アカタテハ／ルリシジミ／ビロウドツリアブ

桜色に染まる春の虫

　雨が上がり、気持ちの良い春の日差しが桜の花を照らしていた。「春めき桜」は、足柄桜といわれ南足柄の狩川周辺をはじめ市内の各所で美しい光景を見せてくれる。ふれあいの村にも自然環境の保全と足柄らしい森林の特色を演出する試みがなされ、カワヅザクラ、「春めき桜」と続き順次6種類の桜の花が咲く。

　暖かな春の風が寂しかった冬景色を追い払うように吹き、辺りは「春めき桜」の桜色に染まった。ぼんやりと見上げると何もいないと思っていた花に、ヒヨドリとメジロがいてたくさんの花に囲まれ争うこともなく静かに美味しそうに蜜を吸っていた。

　グライダーが滑るように小さなテングチョウが飛んできて細

い枝に止まった。成虫越冬するためなのか左の後羽がボロボロになりかわいそうだったが、厳しい冬の寒さを乗り越えた喜びに満ちていた。他にもアカタテハ、ルリシジミ、ミツバチなど多くの昆虫たちが桜色に染まり春に光を受けのどかに過ごしていた。

　道沿いに咲くカワヅザクラを見上げると、メジロが蜜を吸っていた。カワヅザクラは「春めき桜」よりも少し早く咲き、葉が出始めると花は色あせ散り始める。色あせてない花を探していると1センチほどのビロウドツリアブが飛んできて「ここだよ」と教えてくれた。虫が見つけた花のあまりの美しさに見とれ、何だか心の底まで桜色に染まる気がした。

メジロ

春風が運ぶ鳥の歌声

メジロ科

おいしそうに梅の花の蜜を吸うメジロ

梅と河津桜の花が満開になり、ハナアブやハチたちが楽しそうに飛び回っていた。時々大きなヒヨドリが飛んでくるが、人に気が付いたのか、驚いたように急旋回して飛び去った。

梅の木の下に来ると、何ともいえない爽やかな香りがし、心落ち着く。ヒラタアブは、花のそばでしばらくホバリングを繰り返していたが、花を慈しむようにそっと止まり動かなくなった。あまり剪定《せんてい》されることもなく育った梅の木なのか枝が縦横に伸び、その枝全てに花がちりばめられていた。

茂った梅の奥の方から「チーチー」と、か細い鳴き声が聞こえてきた。姿は見えないが、花が揺れ動き「チーチーチッチュルル」と、鳴き声がし、つがいのメジロが現れた。

メジロは、全長11・5センチでスズメよりもずっと小さい。目の周りが白く鮮やかな黄緑色で黄土色をした腹が美しく、人気の鳥だ。細い枝先に止まり、柔らかな体を伸ばし、次々と花の蜜を吸い続けた。重さは11グラムほど、ツバキの花に直接止まれるほど軽い。

さえずりは「長兵衛、忠兵衛、長忠兵衛」と聞きなすが、その鳴き声は日本三鳴鳥にも引けを取らないほど美しい鳴き声だ。一羽はお腹《なか》の中心に黄色の筋が伸びる雄のメジロだった。

今はまださえずりの手前で何か思案するようなしぐさで、ぐせり鳴きをするが、春を感じ、時折さえずりの歌声も聞こえてくる。花の便りと春風が運ぶ鳥の歌声、春が駆け足でやって来た。

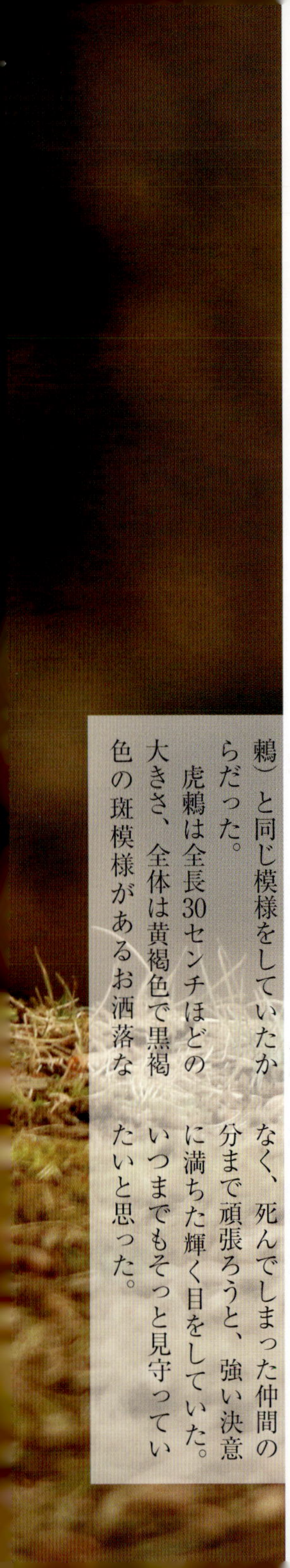

トラツグミ

ツグミ科

トラツグミ見守ろう

左に傾きながら明るく歩くトラツグミ

どこからともなく「ジャージャー」と、濁ったカケスの鳴き声が聞こえてきた。どこだろうと耳を傾けていると、地面に影が映り20メートルほど先のクヌギの木に止まったが、「ジャー」と、一声発すると元気よく飛び去った。カメラを向ける時間もなかったが、翼を広げた青い羽の部分が美しかった。

ふと気が付くと、クヌギの木の下で落ち葉を一心不乱にめくっている鳥がいた。双眼鏡で見て、あっと驚いた。それはみぞれ降る寒い朝、ガラスにぶつかり口ばしが折れ死んでしまったトラツグミ（虎鶫）と同じ模様をしていたからだった。

虎鶫は全長30センチほどの大きさ、全体は黄褐色で黒褐色の斑模様があるお洒落な鳥。こちらに気付くこともなく無心に落ち葉を掘り返していた。斜面を歩いていたのでバランスを崩すことがしばしばあったが、ミミズや昆虫を探す目は真剣そのものだった。

しかし、よく見ると左に傾きバランスを崩すのは斜面のせいではなく、左足がおかしいことに気が付いた。左足の指や爪が折れて使えないらしく白い腿の部分をついて歩いていた。かわいそうにこの広い自然の中で、こんなに不自由な身体、これからの生活が大変だろうなと思って見ていると、明るい顔が振り返った。それは不自由を嘆くことなく、死んでしまった仲間の分まで頑張ろうと、強い決意に満ちた輝く目をしていた。いつまでもそっと見守っていたいと思った。

ハイタカ／チョウゲンボウ／オオタカ
参加者主役の観察会

左上から時計回りに、ハイタカ、チョウゲンボウ、オオタカ、舞い上がるタカ柱

春の日差しの中で、ハクセキレイが楽しそうにさえずり、波形飛行で向こう岸に飛んだ時、猛スピードで追いかける鳥がいた。ジグザグに逃げる鳥を神業のようなスピードで追いかけていた。逃げられたのかゆっくりと空中を旋回した。

なぜかほっとして双眼鏡で見ると、その鳥はいつの日か見たハイタカだった。少し小形のチョウゲンボウは、田んぼの土手などで蛋白源となるツチイナゴを食べているのをよく見かけた。冬も成虫で活動するツチイナゴのことを知っている賢さに驚いた。ノスリやオオタカも山の稜線に生える大きなモミの木の頂で悠然と四方の山々を眺めているのを見かけた。多くのタカ類が生息するのは、豊かな足柄山地の森林環境が多様な生態系を育んでいるからだろう。

11月の観察会の時だった。参加者の志村典子さんが「あれはなに」と、空を見上げた。みんなで高い空を眺めると

80羽ほどのタカ類が渦巻きのように旋回しながら上昇気流に乗り、次第に舞い上がりあっという間に飛び去った。タカ柱を見たのは初めてのことで、その壮大な光景にみんなの目が輝いた。

ある時は2歳の子がみんなと同じように歩けたことを喜び、小学生から大学生、老若男女までが一人の発見をみんなの喜びとし共有できた。みんなが先生であり生徒でもある参加者主役の観察会は、いつも子どもたちにやさしく接し、個の課題を検証し次の課題へと発展しながら学ぶ角田はるひさん、志村さん、田中美智子さん、白片力秀さんのおかげと感謝した。

春は別れと出会いの時、「四季のたより」を応援してくださり激励の言葉を頂いた読者の皆様とスタッフの皆様方に心から感謝申し上げ、新たな出発として書籍として残していけるように頑張ります。

※当欄は連載最終回に掲載したものです。

笠をかぶった踊り子さんのように美しいオドリコソウ

オドリコソウ
踊り子さん勢ぞろい

シソ科

桜の花びらに染まった土手には、タチツボスミレやカントウタンポポ、ホトケノザやヒメオドリコソウなどが賑やかに美しく咲いていた。上から見た時はそれと気づかなかったが、土手下から見上げると草の間に美しいオドリコソウの花がたくさん咲いていた。

その花は唇形で、白か淡いピンク色の花が四角形の茎の周りにたくさん咲いていて花の奥の方に蜜がある。対生する葉は、上下の葉が重ならないように工夫され、太陽の光が下の方の葉にもよく当たっていた。これも植物の知恵なのだろうと感心した。

甘い蜜を求めてハナバチが飛んできた。いつも花にぶら下がるようにしながら花の奥

に潜り込み蜜を吸い、その代わりにたくさんの花粉を体に付け受粉に役立っている。

ところが今日は驚いたように飛び去った。じっと待っていたクモが突然飛び出してきたからだった。一瞬の判断でクモは絶好のチャンスを逃し、ハナバチはピンチを逃れた。人生でもよくあることで、教訓になった。

名前の由来は、編み笠をかぶった踊り子さんの姿に例えたことによる。あまりの美しさに、誰かにこれを見せてあげたいと思っていたら、花のすぐそばで小さなウリハムシが勢ぞろいした踊り子さんに見とれていた。清々しい空気を分かち合えた気がした。

フデリンドウ

リンドウ科

晴れが好きな青い花

青紫色で輝くように美しいフデリンドウの花

青紫色の小さなフデリンドウの花が、日当たりのよい土手や空き地の斜面などに咲いていた。鐘状の花は、開いても1センチにも満たないくらいであるが、光を受けると色鮮やかに輝き驚くほど美しい。

　早朝や曇った日、そして雨の日は青紫色の花が見えないだけでなく小さな蕾は全く目立たないのでなかなか見つけることができない。

　しかし、晴れると「あっ、こんな所にもあったのか」と思うくらいあちこちで見つけることができ、歩くのが楽しくなってくる。茎の高さは7センチほどしかないが、厳しかった冬の寒さを乗り越え、落ち葉の下で春を感じ、美しい花を咲かせるその不思議

な、そして逞しいエネルギーに感心する。
　それぞれの花には個体差があるが、3センチほどの茎の先に5ミリほどの小さな花を1個だけ咲かせているものも見られる。あまりにも小さいので、もし踏んでしまっても気が付かないかもしれないが、山野の片隅で冬を越し、青く輝く清楚な花を咲かせている姿は健気である。
　小さな花に隠された、何とも言えない不思議な力強さに明日への希望と活力が湧いてくる。花の様子が筆に似ているので「筆竜胆（フデリンドウ）」と言うが、何とも魅力的な花である。

カリン

バラ科

ほのかに香る淡紅色

春の光を浴びほのかに香るカリンの花

青葉若葉の季節になり、木々の間を吹き抜けてくる風が実に爽やかで気持ちよい季節になった。空に伸びるケヤキの新しい芽を見ていると、冬の間、小さな芽を守るようについていた皮がパラパラと落ちてくる。何か木々の衣替えを見ているような気がした。

黄緑色の若葉が新鮮なカリンの木を見ていると、小さなピンク色のつぼみが見えた。この時期なのかと半信半疑で近づくと、黄緑色の若葉の間から淡紅色の花が見えた。久しぶりに見る花は、3センチほどで思ったよりも小さく、5枚の花びらの中に黄色の雄しべがたくさん見え中心に雌しべがあり、春の光を浴びたピンク色の花は美しく光って

いた。

カリンは中国原産の落葉高木、まだら模様に見える鱗状の樹皮は薄く夏の暑い頃に手で触れると冷たく感じられ気持ち良い。

また、黄色に熟した実を輪切りにし、カリン酒やハチミツ漬けにすると甘酸っぱく香りも楽しめ貧血症や疲労回復のほか咳止めとして効果がある。生の実は渋くて硬く生食には適さないが、部屋や車の中に置きその芳香を楽しむことが出来る。

カリンの木の下で辺り一面に漂うほのかな香りに浸っていると、心の中までゆったりとし暖かな春を感じた。

コブシ

モクレン科

コブシの花と農事暦

雨に濡れるコブシの花

坂道を上っていくと、じゅうたんを敷き詰めたように菜の花畑が一面に広がっていた。黄色い菜の花は風に揺れながら春の喜びを表現しているように見え、足取りも軽くなってくる。

春風に乗ってほのかに香る山の手を見ると、大きなコブシの木に白い花がたくさん咲いていた。あまりの美しさに木の下に駆け寄って、青い空を見上げると無数の白い花が咲き誇っていて見ているだけで力が湧いてくる。

純白の花弁の裏側にはピンク色の筋が一本入っていて、その美しさと甘い香りに誘われるようにテングチョウが止まっていた。

足もとを見ると、足の踏み場もないほど銀色に光る芽鱗《がりん》

が落ちていた。銀色に見えるのは、芽鱗の表面についている毛で、寒い冬の間、先端にある花芽を覆い守っていたのだ。落ちている芽鱗を見て、目立たないけど立派に役目を果たしていたことがわかった。

コブシの花の咲き具合を見ながら田んぼの準備をしている山崎鉄次さんは、「今年の花は例年よりも遅く咲いたので少し農事暦を遅らせよう」と話していた。

コブシの花の花言葉は「信頼」。樹齢百年にもなるコブシの木は、人に支えられ、人々と長い長い信頼関係を保っていたことを改めて感じた。

ホタルカズラ

瑠璃色に微笑む妖精

ムラサキ科

瑠璃色の花の中心から出る真っ白な5本の筋が目立つホタルカズラ

暖かな日差しに誘われてビロウドツリアブが、空中に浮いたまま飛んでいる。地面に映る影が次第に低くなり、紫色のムラサキケマンの花にそっと止まった。しばらく蜜を吸っていたが、ちょっと目を離した隙にいなくなってしまった。日当たりのよい土手には、枯れ草に交じって薄紫色の清楚なタチツボスミレの花がたくさん咲いていた。

枯草の中に、茎や葉に粗い毛のある見慣れない蔓が伸びていたが石垣の上で切れていた。何の花だったのだろうかと疑問に思いながら立ち去ろうとしたとき、小さな瑠璃色の花が3輪見つかった。石垣の隙間に根を張ったホタルカズラの花だった。

ホタルカズラは、ムラサキ

科の常緑多年草で日当たりのよい土手などで時々見かける。名の由来は、五裂した瑠璃色の花の中心から出る真っ白な5本の筋が星を包み込んだように美しく、ホタルに例えたといわれる。

道路整備で積まれた栄養の乏しい石の隙間から蔓を伸ばし美しい花を咲かせたホタルカズラ。その努力は見習うことが多い。咲き始めの花は、赤紫色で1センチにも満たないほどであるが、太陽の光を受けて美しい瑠璃色に変化していく。春風に揺れる花を見ていると、森の妖精に出会ったようにかわいらしくすべてを忘れさせてくれる。

ヒメハギ

線香花火思わす花

ヒメハギ科

線香花火のように美しいヒメハギの花

遅咲きだった今年の桜は、このところの陽気で一気に咲き散ってしまった。まだ桜の花吹雪が舞う最乗寺へと続く道は、桜の花を敷き詰めたじゅうたんのようでその美しさに足がすくむ。山は、桜色から次第に萌黄色に変わり、移りゆく季節の流れを感じさせる。

日当たりのよい土手の斜面に咲く淡青色のタチツボスミレを眺めていた時、枯草に交じって赤紫色をした小さなヒメハギの花を見つけた。

ヒメハギは、日当たりのよいやや乾いたところに生える多年草で茎は枝分かれし地面を這い、上部は斜めに立ち上がる。葉は、楕円形で大きさ1~2センチほどになり先端は尖る。5個の萼《がく》は濃いピン

ク色をしていて、左右に開いた2枚はまるで花弁のように美しい。先端に線香花火が弾けたような不思議な気品のある美しい花を咲かせる。

ヒメハギの花を見たのは、数年前に大山を登った時だった。きつい坂道を登っていて休みたいなと思っていた時に道の傍らで見かけて、みんなで大休憩を取って眺め、心も体もリフレッシュしたことを思い出す。

久しぶりに思いがけないところで旧友に出会ったような懐かしい気持ちになった。ヒメハギは「姫萩」と書き、名の由来は秋に咲く美しいハギの花に似ていて全体が非常に小さいことによる。

テングチョウ
面白い名前のチョウ

テングチョウ科

成虫で冬越しをした美しいテングチョウ

フロントガラスにゴミがついていると思って近づくと、黒いチョウがパッとアセビの方へ飛んで行った。しまったと思ったが、アセビの花は白いので止まっているチョウはすぐ見つかった。15ミリほどの美しいコツバメだった。

ほっと一息ついた時、暖かな石の上の日だまりで休んでいたチョウが羽を開いたのが見えた。そっと近づくと茶、オレンジ、白の色合いと芸術的な模様も美しいテングチョウだった。

テングチョウは羽を開くと45ミリほど。影を見てもわかるように頭の先が尖っていて天狗の顔に似ているのでこの名がある。成虫で冬越しをするので、羽が傷んでいることが多いが、このチョウはほと

んど傷みもなく逞しく見えた。成虫の出現は気まぐれで、その生態について謎の多いチョウだと言われている。

この小さな体で、日本列島を震え上がらせた3月の大雪をどのように乗り越えてきたのだろうと不思議に思う。しばらく石の上で温まっていたが、クヌギ林の落ち葉の方へ、グライダーのように飛んで行った。止まった位置を確かめてそばに行ってみたが、クヌギの落ち葉ばかりでなにも見つからなかった。羽を閉じると枯れ葉色の保護色になり、枯れ葉と見分けがつかなくなってしまうのだ。あきらめて立ち上がった時、目の前の枯葉からスーッと軽やかに飛び去って行った。

カタクリ

美しく咲く春の妖精

ユリ科

　空は晴れているが強い風が吹き荒れ、ゴウゴウとうなっている。杉の林はザワザワと音を立て大きく揺れている。こんな日は嫌だなと思いながら「丸太の森」に入った。南斜面の雑木林に近づくと、風は嘘のようにやみ、静かになった。

　ケヤキやクヌギ、コナラの幹の下はしっかりとした根が張り、斜面の崩れを防ぎ、しなやかな枝は風を弱める緩衝作用をしているのかもしれないと思った。

　坂道を上っていくと、白いエイザンスミレやキクザキイチゲの花が春の淡い光の中で清らかな花を咲かせていた。坂の上に広がる林床を見ると、辺り一面に薄いピンク色のじゅうたんを広げたように、カタクリの花が一斉に咲いていた。

　カタクリは雑木林などに群生する多年草で、木々の芽吹き始めた早春に咲く。芽生えてから花が咲くまでおよそ7～8年かかり、その間は1枚の葉で過ごす。ふつう2枚の葉になると花が咲く。万葉集にも詠まれていて、その美しさは今も昔も変わらない。

　早春のひと時にまるで「春の妖精」のように美しく咲き、はかない夢のように役目を終えて消えていく。「スプリングエフェメラル」と呼ばれる植物の代表格である。

　いつしか風もやみ、春の光の中でカタクリの花が一段と美しく輝いていた。美しい花に、心も晴れ晴れとしてきた。新年度、新たな希望と夢を抱き進んでいきたい。

スプリングエフェメラルと呼ばれるカタクリ

ビロウドツリアブ

ツリアブ科

小さな虫に受粉託す

すっぽりと顔を埋め花の蜜を吸うビロウドツリアブ

ソメイヨシノの花にキタテハが飛んできて、おいしそうに蜜を吸っていた。柔らかな春風が吹くと、花びらがはらはらと静かに落ちていく。一つ一つの花弁は、思い思いに舞いながら、地面を桜色に染めていった。

心地よい桜の道を過ぎると、タチツボスミレが青紫色の花を咲かせ群生していて、小さなアブがホバリング（空中停止飛行）しながら止まろうかとためらっていたが、向きを変えて落ち葉の隙間に下りた。

そっと見ると、褐色のビロードのような毛に被われた1センチほどのビロウドツリアブだった。サクラやタンポポ、オオイヌノフグリなどすぐ蜜が吸える花だが、今止

まった先は、なんとビロウドツリアブよりも小さなフデリンドウの花だった。8ミリほどの長い口先で蜜を吸おうと顔を近づけたが、なかなか蜜の辺りに届かない。すると、すっぽりと花の中に顔を埋めて蜜を吸い始めた。こんな光景は初めて見たが、フデリンドウは蜜をあげる代わりに花粉を運んでもらい受粉をするという大事な役目をビロウドツリアブに託していたのだった。

のどかな春、小さな虫に青紫色の美しい花を見つけてもらい、小さな花や小さな虫も人知れず素晴らしい生命活動を行っていることを教えてもらった。

雨上がりに見かけたツバキキンカクチャワンタケ

ツバキキンカクチャワンタケ
不思議な茶碗発見

キンカクキン科

ツバキは、花の少ない冬の季節に鮮やかな紅色の花をたくさん咲かせ、よく目立つ。甘い蜜を求めて、メジロやヒヨドリに交じって小さなハナアブの姿も見かける。花の時期は長く春先まで続き美しい花を咲かせている。

春の雨は、カエルなど両生類にとっては欠かせない生命活動の第一歩で、この時から産卵が始まる。キノコにとっても恵みの雨である。

雨上がり、たくさん咲いているツバキの木の下を見るとあちこちにきれいな〝お茶碗〟が見つかった。茶色のお茶碗は、ツバキキンカクチャワンタケといい、みんな嬉しそうに地面から顔を出して、陽春の季節を喜んでいるような気がする。大きさは3ミリ

から2センチほど、お椀の下の柄は10センチぐらいあるのもあり、その下に菌核がある。
飛び出した胞子は近くに落ちているツバキの花に付着し、発芽すると菌糸を発達させる。菌糸は花を分解しながら生長して菌糸の集まった菌核という塊になり、ツバキの花の咲き始める晩秋ころからキノコを出し始める。小さなキノコも地球環境や社会環境の変化を感じながら、移り変わる季節を知らせるバロメーターだと思った。
神奈川キノコの会会長の城川四郎先生に教えて頂いた、ツバキの下に生える不思議な茶碗、ツバキキンカクチャワンタケ。これが見つかるのも春という季節ならではのことで、実に面白いキノコである。

クサギ

クマツヅラ科

さあ不思議を探しに

桜の花が一気に咲き、春が駆け足でやってきた。スミレの花もアオイスミレ、タチツボスミレ、アカネスミレと咲き、黄色のタンポポ、キジムシロ、ヤマブキ、ヤマブキソウと野の花たちが咲き競い、賑やかな春だ。萌黄色に芽吹いた木々の間から聞こえてくるウグイスの声も、のどかな春爛漫を感じさせ気持ちの良い日だ。

雑木林に入ると、冬の間羊の顔やお猿の顔など面白い顔をした葉痕が目立っていたが、今は葉痕の上についていた冬芽から新しい芽が伸びていた。新芽はそれぞれ特徴があり、銀色に光るコナラ、花芽が先に咲くソメイヨシノ、羽毛に包まれたようなヌルデ、赤い新芽のアカメガシワ、紫色のクサギなど個性豊かな春らしい衣装で見飽きない。

クサギは、どこにでも良く生える木であるが、冬芽は小さくてあまり目立たなかったが、予想以上に早く伸びていた。葉や茎に傷がつくと嫌なにおいがすることが名の由来であるが、今の時期はピーナッツバターのような香りがする。

クサギの日々移り変わっていく新しい芽を見ていると「いないいない」をしたり「ばあ」と顔を出したような様子に思わず笑ってしまった。たくさんの不思議が待っている自然、みんなで出かけたくさんの発見をしよう。

クサギの新芽の「いないいないない、ばあ」

目立たないが、清らかでかわいらしいジロボウエンゴサク

ジロボウエンゴサク
人知れず咲く春の花

ケシ科

春の花が咲き、「あの花を見たい、この花を見たい」と思っているうちにいつも見落としてしまうのがジロボウエンゴサクの花だった。今年も忘れかけていたが、農作業をしている人に出会い、農事暦を聞きながら足元に目をやると、ムラサキケマンが咲いているのに気がついた。

もしやと思い辺りを探すと、ムラサキケマンよりも背丈は小さく、他の草に埋もれてしまいそうな感じのジロボウエンゴサクが見つかった。

ジロボウはスミレの太郎坊に対する方言名。「エンゴサク」は、この仲間の塊茎《かいけい》を乾燥させたものを「延胡索」と書き、鎮痛作用がある生薬として用いたらしい。

2センチほどの赤紫色の筒

状の花が美しく、よく見ると、先端の4枚の唇状の花弁が清楚でかわいらしい。茎の高さは、10～20センチほどになるが、とても細くて他の草木にもたれながら伸びている。花が終わると地下に塊茎を作り、次の春への準備を怠らない。

春に生まれ、春に消えるはかない植物をスプリングエフェメラル（春の妖精）というが、人目につきにくく目立たない小さなジロボウエンゴサクも、春の一時期に美しい花をそっと咲かせ、また人知れず消える代表的な種といえる。これも植物の生き残るための知恵なのだろう。

コツバメ
シジミチョウ科

春の花楽しむチョウ

美しいシャクナゲの蕾に産卵するコツバメ

春風とほどよい光の中を、アカタテハがゆっくりと飛んでいく。いつも素早い動きなのに、「何か変だな」と思いながら目で追っていると、分厚い感じの葉に止まった。

立ち止まるようにしながら飛ぶ姿から、産卵活動だと思った。アカタテハが飛び去ったのを見計らってよく見ると、その植物はカラムシの新しい葉で、萌黄色をした美しい小さな卵が産み付けられていた。もう少し見ようと思ったが、アカタテハが戻ってきたのでその場を去った。

シャクナゲの花が美しく咲く道に来ると、小さなシジミチョウがいた。飛び方が速く、なかなかその姿を正確にとらえることができない。ゆっくりと立ち止まっていると、シャクナゲの

花に止まり、上に行ったり下に行ったりしていたが、動きを止めて静かに産卵活動を始めた。
　しかし、ハナアブやビロウドツリアブが近づくと、慌てたように素早い動きで遠くへ飛んで行ってしまった。羽の模様から、春の一時期に現れるコツバメとわかった。名の由来は黒っぽくてツバメのように敏捷に飛ぶ姿からと言われている。「こんな身近な所に新しい発見が待っていることを、教職にあった頃に気付いていれば良かったのに」と反省した。
　ふれあいの村に戻り、いつも見慣れたアセビの花を見るとそこにもアカタテハとコツバメが楽しそうに飛んでいた。小さな生き物にも目を注ぎ、少しの楽しみとゆとりを持つことの大切さを感じた一日だった。

シュンラン
雑木林彩る美しい花

ランン科

今年も美しく咲いたシュンランの花

清々しい空気の漂う雑木林。思わず深呼吸をすると、雑念が飛び心も新たになる。4月、新しい年度が始まった。初心に帰って自然の生業《なりわい》を見つめていきたい。

足を止めると、どこから飛んできたのかクヌギの幹にチョウが止まっていた。ゆっくりと羽を開くと、黒とオレンジの模様の中に白い斑点のあるアカタテハだった。しばらく羽を開き日光浴を始めた。静かな時間が過ぎていく。

クヌギの幹の側に、去年も一株だけシュンランが咲いていたことを思い出した。今年はどうだろうと思いながら探すと、細い葉が数本見えその下に2輪咲いていた。

黄緑色の長い花弁が上に1

枚と左右に2枚見えるが、これは萼片《がくへん》と呼ばれる部分である。花弁は3枚で、上に伸びた萼片の下に黄緑色をした2枚の花弁があり、その下に白地に紫紅色の斑点がある唇弁《しんべん》状の花弁が1枚あった。葉は線形で、細いが長さ20センチほどあり花茎は15センチほど。あまり目立ってほしくないがよく目立つ。

　肌寒い春先から咲くシュンランは、雑木林に咲く代表的な花であったが、林内の荒廃や乱獲などにより減少が著しい植物と言われる。雑木林を美しく彩るシュンラン、来年もまた出会えるようにそっと見守ってほしい。

虹

里山繋ぐ夢の架け橋

里山に大きくアーチを描いた七色に輝く架け橋

春を待ちわびて咲いたカワヅザクラやハルメキザクラは、朝から降り始めた雨に打たれ時折吹く強い風に飛ばされて散っていく。しかし桜の花の後には、すでに小さな葉の芽吹きが見られ準備万端だなと感心した。

「この日は、所により強風や春雷がある」と春の嵐の天気予報があった。雨の合い間に外に出ると、道端のアオイスミレの花は閉じていたが、葉はこの雨を喜ぶように瑞々しく光っていた。

コナラやクヌギの木々たちは、きらりと輝く銀色の芽を吹き、葉先には雨粒がたくさん付いていた。風が吹くたびに雨粒が飛び、幹を伝わる雨も次第に流れが速くなり、地面の下の根っこも十分過ぎるく

らい水分を貯めたことだろう。
ふと気がつくと、手の指先がしわしわになっていた。長時間、雨に濡れていたためだろうかと思った。立ち止まると、ズボンの上から流れた雨で長靴の中まで冷たくなってきた。
少し弱気になり帰りかけた時、雨が止み西の空から日が差してきた。片足ずつ長靴の水を捨て振り返ると、里山を大きく包むように七色の虹が架かっていた。赤、橙、黄、緑、青、藍、紫、と細かくは見えないが雨上がりの中、里山をつなぐ夢のような架け橋を見ながら何か良いことがありそうな気がした。眩しく光る太陽に背中を押され、もう少し歩いて行こうと希望が湧いてきた。

左上から時計回りに、ビロウドツリアブ、花の蜜を吸うアカタテハ、花を咥えたスズメ、楽しくさえずるシジュウカラ

アカタテハ 他
花を愛で花を楽しむ

花が成熟してきたのか風もないのに、ハラハラと花弁が宴の輪の中に舞い落ちていく。花祭りに来た大勢の人たちの声で、どこを見ても楽しそうだ。青空にくっきりと浮かぶ桜の花はいつまで見ていても見飽きないのどかな光景で、しばし時を忘れる。

ふと、花の先端を見ると小さなビロウドツリアブが止まろうかどうしようかと空中でホバリングを繰り返していたがそっと止まり、長い口吻《こうふん》で蜜を吸い始めた。辺りを見ると意外に多くのアブやハチが吸蜜をしながら相手の羽音を意識していた。

見え隠れする花の間を飛んでいたチョウが不意に目の前に飛んできた。羽を閉じて吸蜜していたが、日光浴でもするかのように羽を開いた。橙、黒、白の

模様のアカタテハだった。成虫で越冬するアカタテハの後ろ羽は、ボロボロになり傷んでいたがあの大雪をよく乗り越えたものだと美しく感じた。

背丈の高いソメイヨシノの側に来ると、賑やかなヒヨドリの鳴き声がし、花が1輪落ちてきた。見上げるとスズメがこちらを見ながら、花の蜜のある辺りを口ばしでちぎっていた。ちぎるというよりも花弁の筒の辺りの蜜を吸い、いらなくなった花を落としていたのだ。シジュウカラも花に囲まれ楽しそうに「ツッピン」と鳴いた。

花の咲く時期は、虫や鳥たちも本当に忙しそうだ。虫や鳥そして人間に愛され楽しまれながら、桜の木はまた1年の年輪を刻む。1年という月日を大切にしたいものだ。

ミヤマカタバミの花で左上から時計回りに、林床に咲く、ヒノキゴケの隙間に咲く、ジャゴケの隙間から咲く、3センチほどの美しい花

ミヤマカタバミ

清楚な花に花暦学ぶ

カタバミ科

ムカゴネコノメの可憐な花を見たいなと思い、最乗寺（南足柄市大雄町）に出かけた。昨年と同じ杉の林床を探すと、白いミヤマカタバミの花がたくさん咲いていて、その下に見つかったが、花の時期を過ぎすでに種子になっていた。大雪で桜の花は少し遅れたが、ムカゴネコノメはその時期に咲いていたのだった。花には花の事情があり、季節に向かって臨機応変に対応していく姿に感心した。

朽ちてしまった大きな杉の株を、ヒノキゴケが覆っていた。ヒノキゴケは京都西芳寺で見かけたことがあるが、別名のイタチノシッポのように柔らかに伸びる美しい大形のコケだ。ヒノキゴケを見ていると、その隙間から咲くミヤ

マカタバミがあった。まだ日の光が低いためなのか、うつむきかげんにひっそりと咲いていた。静かな林の中でそっと咲く美しさに心奪われた。どうしてこの高い場所に種子は飛んできたのだろうと驚かされた。

　道端の脇に苔むした土手があり、そこにもミヤマカタバミの花が咲いていた。マキノゴケやジャゴケの厚い葉状体の中にしっかりと根を下ろし、清楚な花を咲かせていた。よく見ると、筋の入った5枚の花弁、10本の雄しべ、どの花もみな美しく光の方向に向かっていた。杉並木の下、次にどんな花が咲くだろうと期待が膨らむ。野山に咲く花たちの1年間を、花暦として記していきたい。

アカネスミレ

森の片隅美しく彩る

スミレ科

森の片隅に咲くアカネスミレ、影も美しい

桜の花が春の陽気で咲きそろい各地で花祭りが開かれている。桜前線の北上とともにソメイヨシノは各地で満開になり、楽しい花祭りも花とともに北上していく。桜の花には、鳥やチョウやハナアブの仲間がいて蜜を探していた。

ふと見ると、この時期に良く見かける体長1センチほどのビロウドツリアブが目の前でホバリングをしていた。空中に止まったままなかなか動かなかったが、不意に土手下に飛んで行った。目で追いかけそっと近づくとそこにはアカネスミレが咲いていた。一輪の花に止まり蜜を吸っていたが、小さな影が花から花へと移動するのが面白かった。

スミレの名の由来は、花の形が大工さんの使う「墨入れ

（黒壺）」に似ていることによるといわれるが、株元に落ちているクヌギの葉に映った影を見ていると、子どもの頃見た「墨入れ」を思い出し何となく納得できる気がした。森の片隅にこんなにきれいに彩る花が咲いていることを今日もこのビロウドツリアブが教えてくれた。

子どもたちが楽しみにしている新学期が始まる。虫や花は物言わぬが自然のナビゲーター。子どもたちに負けないよう子どもの目線でたくさんの発見をし、本年度も有意義な生活を送りたいと思う。

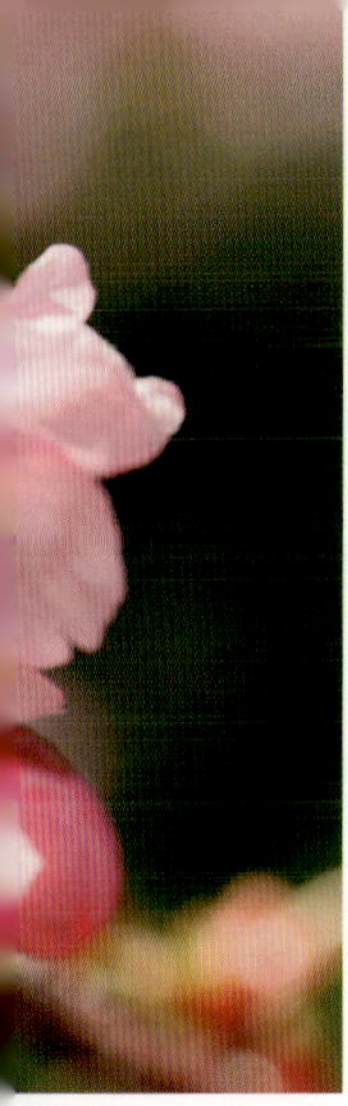

左上から時計回りに、川縁に咲く大雄紅桜、大雄紅桜の花弁、美しい陽光桜、小高い丘に咲くアカネスミレ

大雄紅桜／陽光桜／アカネスミレ

美しき桃源郷の里山

上総川の川縁を焦げ茶色のカワガラスが水面を滑るように飛んで行った。6月には自然のホタルも見られる水清きこの川は、カワガラスの好む水生昆虫も多い。堰堤の上で「チーチージョイジョイ」と楽しそうに鳴き勢いよく上流へと飛んで行った。

ピンク色の大雄紅桜は、冬枯れの残る上総川を覆うように咲いていた。石組みの土手の隙間に根を張り、幾多の試練を乗り越えここまで大きく成長したことに感嘆する。

近づいてみると、ミツバチやハナアブ、アカタテハやテングチョウなどが蜜を求めて乱舞していた。花は春のような穏やかなピンク色で、まるで長年この桜を見守ってきた人の温かな心が伝わってくる

ように美しく咲いていた。

道沿いに進むと、「陽光」という名の桜が咲いていた。他の花よりも大きな花弁で、中心の紅色が絵の具を溶かしたように薄く広がり桜の持つ不思議な美しさに見とれてしまった。下の田んぼに咲く菜の花とのコントラストがさらに美しさを増していた。

小高い丘に登ると、足もとに茜色をしたアカネスミレが一輪咲いていた。ファインダーを見るとアカネスミレの奥に遠く丹沢の山々が見えていた。アカネスミレは、眼下に桃源郷のように美しく広がる里山を見ながら今年も清楚な花を咲かせていた。

人知れずひっそりと咲くナガバノスミレサイシン

ナガバノスミレサイシン 人知れず深山に咲く

スミレ科

5月の陽気があったり急に3月の寒さに戻ったり、このところ天候不順の日が続く。寒の戻りで大山は積雪があり、麓に咲く桜の花とのコントラストが美しかった。久しぶりに晴れたので、大雄山最乗寺まで出かけた。脇の道を上って行くと赤土の土手にタチツボスミレが咲いていた。春風に揺れる白紫色の清楚な花の美しさにしばし見とれてしまった。

足もとには香りの良いジャゴケが成熟した胞子をつけ柄を大きく伸ばしていた。そばに濃い緑色をしたマキノゴケも見えた。しばらく見ているとタチツボスミレの花と違ったナガバノスミレサイシンが花を咲かせていた。

ナガバノスミレサイシン

は、葉が長く先端が鋭三角形でウスバサイシンに似ているのが名の由来。まだ咲き始めで背丈が低く、昨夜の雨で花や葉に泥やスギの雄花が付着して汚れていたが、白青色の花は清楚で美しかった。
　大きな杉の木が立ち並ぶ森は、深山そのもので自然の偉大さに圧倒されてしまいそうだ。時折「ツピツピ」と、遠くから聞こえるヒガラの早口で細い甲高い声がひっそりと静まり返った森に響く。脇道の林床を見ると、数枚の長い葉が光って見えた。少し急ぎ足で駆け寄ると大きい葉に隠れるように2輪の花が凛とした面持ちで迎えてくれた。人知れず深山に咲く花が見せる一瞬の美しさに心奪われた記念すべき日となった。

花のように美しく花咲くチヂミカヤゴケ

チヂミカヤゴケ

雨上がりに花咲く苔

クラマゴケモドキ科

雨が上がり木々の緑が青い空に映え鮮やかだ。ケヤキやコナラの幹はまだ雨で潤い、木々の間から吹く風が柔らかなシャワーのようで爽やかな気分になる。メジロやシジュウカラ、高いアンテナの上にいるキセキレイたちが空に向かって嬉しそうにさえずる。

　ケヤキやクヌギの樹幹を見ると、シダ類のノキシノブの先端にはまだ雨粒が残っていた。蘚苔類《せんたいるい》のサヤゴケ、タチヒダゴケ、フルノコゴケや地衣類のウメノキゴケ、マツゲゴケなどが湿り気の残る樹幹でしっとりと伸びていた。クヌギの幹を見上げると、フルノコゴケの花被が蕾のような状態で群生していた。

　上ばかり見ていて気が付かなかったが、幹を一回りした

目の前にオレンジ色の花被が飛び込んできた。そこにいつもは葉が縮れて見栄えのしないチヂミカヤゴケが、たっぷりと雨水を吸い込みまるでオレンジ色の花が咲いたように苔の花を咲かせていた。
チヂミカヤゴケは、暗緑色で茎の長さは3〜5センチほど、雌雄異株で雌株は3ミリほどの花被を付け葉は著しく縮れるのが特徴。樹幹に着生するコケ類は、辺りの大気汚染など環境を表す指標植物としても注目されている。
コケの観察をして数十年、まるで今日の日を待っていたかのように美しく花咲くチヂミカヤゴケとの出会いは「一期一会」という言葉にふさわしい気がした。

左上から時計回りに、イロハモミジの雄しべ、両性花の柱頭、花に止まるナミホシヒラタアブ、花に止まるミツバチ

イロハモミジ
美しい花　お洒落な虫

カエデ科

ケヤキの新緑が青空の中に吸い込まれるように鮮やかだ。赤みを帯びた新芽が萌黄色に変わり、柔らかな影を落としていた。少し背丈の低いイロハモミジはケヤキの葉よりも濃い黄緑色で、爽やかな風の中で徐々に葉を広げていた。葉の切れ込みを数えると「イロハニホヘト」となり、名の由来がわかる。

　風に揺れる葉の下を見ると、長い花柄の先に薄紅色の花が咲いていた。あまり気に留めることもなく、いつも見過ごしていたが、花弁や赤い萼片《がくへん》は5枚、雄しべは8本あることに気が付いた。

　よく見ると柱頭の先端がくるっと丸まった両性花には、すでに小さなプロペラのような種子ができていた。花には

小さなハナアブやハチが無数にいて、耳元で羽音が聞こえそうな気がした。目の前の花にナミホシヒラタアブが飛んできてそっと止まり、そのまま動かなくなった。オレンジと黒の腹、透明な翅《はね》、えんじ色の頭、みんなお洒落で美しい虫だ。

　雲が光を隠したのか急に薄暗くなった。虫たちは急に姿を隠し、見上げると空全体を灰色の雲が覆い今にも一雨来そうな気がした。急いで帰ろうと思った時、まだ花にぶら下がっているミツバチが「慌てることはないよ」と花粉を集めていた。自然は最良の教師、自然から学ぶことはまだまだ尽きない。

イタヤハマキチョッキリ

ゾウムシ科

複雑な設計を簡潔に

ニシキウツギの花が、咲き始めの淡黄白色の花から紅色の花へと移り変わっていく様子がそれぞれの木々で違っていて、その2色を組み合わせた彩りが空の青さに映え美しい。ふだん何げなく歩く道もその日その時に咲く野の花が日記代わりになる。

いつも高い枝にゴミがぶら下がっているように見えるイタヤハマキチョッキリの揺籃《ようらん》が、あまり高くない場所にあった。イタヤカエデの葉を寄せ集めて巻き上げるチョッキリムシが名の由来。また無造作に作られた揺籃だなと思いながら通り過ぎた時、光沢のある赤銅色のイタヤハマキチョッキリが動いていた。

揺籃はあちこちに葉がはみ出したままで相変わらずみっともない形だ。あの葉を折り込めば良いのにと思っていたら気持ちが通じたのか、太い腕でその葉を押さえつけ次々にはみ出した葉を修理し、全体を何度も行き来し安全点検を済ますと安心したように飛び去った。

1本の枝の先端を枝が折れないぐらいに傷をつけ、萎れるのを待ちそれを手前に引き寄せ、下の方にある脇枝とつなぎ合わせ、たくさんの葉を綴り合わせ初期の段階に産卵し揺籃を完成する。見た目は粗雑に見えるが複雑で難しい設計を手足と口でいとも簡潔に自然の中で目立たないように仕上げる。

体長8ミリほどの小さな虫の頭脳にすごい知恵が隠されていることに感嘆した。

今の時勢は物事を表面だけで見てしまいがちだが、しっかりと中身を見なければいけないことをこんな小さな虫に教わった。

複雑な葉を簡潔に綴るイタヤハマキチョッキリ

ツノハシバミ

カバノキ科

古い殻捨て春の装い

うららかな春の日、足柄ふれあいの村への山道を歩いていて、ふと目についたのがカバノキ科の雄花に似た穂状の花だった。ほかの樹木に比べると細くて白い肌をしていた。はて、何だろうと、いつも気にしながら通り過ぎていた。

　数日後、そこを通りかかると穂状の雄花は落ちてしまって、それぞれの枝先には5ミリほどの赤い雌花とそれを包む小さな若葉が見えた。「あっ、ツノハシバミだったのか」。その疑問が解け、何かこの木に親しみを感じた。

　カバノキ科のツノハシバミは、冬の寒さからこれまで身を守っていた黄土色の殻を脱ぎ捨て、淡い柳色の若葉の先に鮮やかな赤い柱頭を見せ、春の光の中で美しく輝いていた。

　これから出てくる葉は楕円形で、長さ10センチ幅5センチほど、果実は筒状で鳥のくちばしのような実になることから角榛《つのはしばみ》の名がついた。雌雄同株、雌雄異花で山地や丘陵地に生え、高さ4～5メートルになる。実はナッツの味がしておいしく食べられる。

　植樹祭の関係で切られてしまった株を移植したが、次の年に新しい芽が伸び雄花の後にあまり目立たないが赤い雌花が咲き来村者を喜ばせてくれた。一度は切られてしまったが、逆境に耐えた樹がこれからどのように成長していくか皆の楽しみである。

穂状の雄花の根元に雌花がある

赤い柱頭が見える雌花

ホタルブクロの葉に飛んできたエゴシギゾウムシ

エゴシギゾウムシ

白い靴下のゾウムシ

ゾウムシ科

初夏の日差しの中で、ケヤキやモミジ、ホオノキ、コナラ、エゴノキなどの新緑が眩しいばかりに美しい。足柄ふれあいの村のふれあい広場は、ほどよく成長したケヤキが日陰をつくっていて、落ち着いた雰囲気で入村式ができる良い場所だ。

そのケヤキの傍の草に、小さな虫が勢いよく飛んできた。そっと近寄ってみると、ホタルブクロの葉の上を、白いハイソックスを履いたような足でのこのこと歩き始めたが、すぐに葉裏に隠れてしまった。

しばらく待っていると葉の表に現れ、「こんにちは」とでも言うように、かわいい目でこちらを見ている。長い口(口吻《こうふん》)が特徴のエゴシギゾ

ウムシだ。
　この虫を見たのは、数十年も前のこと。エゴノキの花にジャコウアゲハが訪れ盛んに扱蜜していたが、その時期も過ぎ何となく寂しくなった。そんな時、細い枝先に見たこともない小さな虫が、でき始めたエゴノキの小さな実を探していたのを思い出し、本当に久しぶりに出会った友達のようで懐かしい気がした。
　体長は7ミリほどで、口の長さと同じくらい。エゴノキの実に産卵することから「エゴ」、口吻がシギという鳥のくちばしに似ていることから「シギ」の二つの言葉が、象に似た体形の「ゾウムシ」の名に加えられた。

ウスバシロチョウ

半透明　優雅なチョウ

アゲハチョウ科

半透明のウスバシロチョウ

足柄ふれあいの村のふれあい広場から散策路へ向かう道は、カントウタンポポやクサイチゴ、ハルジオン、ムラサキケマンなどの花が咲き、チョウの訪れる場所になっている。今日もジャコウアゲハ、クロアゲハ、アオスジアゲハ、ツマキチョウが飛んできた。

しばらくすると、羽が半透明のウスバシロチョウが飛んできた。「薄羽白蝶」と漢字で書くこの蝶は、文字通り羽が薄く透き通っていて美しい。

ふわりふわりと新緑の林を優雅に舞っていたが、目の前のハルジオンの花に止まると、よほど空腹であったのか夢中になって蜜を吸い始めた。

このチョウの幼虫は、ケシ科のムラサキケマンやヤマエンゴサクを食草にしている。人間にとっては毒草であるが、このチョウの幼虫には大切な食べ物である。

チョウと植物の間には謎が多く、人間には分からない不思議な関係があるようだ。

「そういえば、散策路にムラサキケマンやヤマエンゴサクが咲いていたな」。

4月ごろの記憶がよみがえってきた。

カントウタンポポ

青空へ背を伸ばす花

キク科

空を見上げて咲くカントウタンポポ

清々しい5月の薫風に吹かれ、悠々と鯉のぼりが泳いでいる。晴れた青空を気持ちよさそうに泳ぐ鯉のぼりを見つめているのは、人々と道路脇で息づくカントウタンポポだ。

タンポポは大きく2グループに分けられる。一つは在来種のカントウタンポポの仲間で、郊外の畑の土手や田んぼのあぜ道などで見つけられる。もう一つのグループは、外来種のセイヨウタンポポで、開発された都市的な環境を好み繁殖力も強く、年々分布域を広げている。

小学2年生の教材に、「たんぽぽのちえ」があった。タンポポは黄色いきれいな花を咲かせた後、茎は倒れてしまう。倒れている間に種に栄養

を送り、綿毛ができると茎は立ち上がりどんどん背伸びをする。そして晴れた日に、あちらこちらに落下傘の種を飛ばし増えていく。子どもたちとともに毎日タンポポを眺め、その知恵を共有したことを思い出す。

青空に泳ぐ鯉のぼりを見上げ、たくさんの花を咲かせるカントウタンポポ。その逞しさは、きっと隠された知恵に支えられているのだろう。眩しいばかりの新緑の下でタンポポとともに大きな深呼吸をし、心身のリフレッシュをしたいものだ。

オイカワの背びれをくわえて飛ぶダイサギ

ダイサギ

狩川に銀鱗きらめく

サギ科

朝のひと時、静かな狩川に来てみると1羽のアオサギがいた。アオサギは、人を警戒するように橋の下に移動した。しばらくすると急に忙しそうにきょろきょろと辺りを見回していたが、ザバッと顔を沈め大きなドジョウを捕まえた。ドジョウはしばらく口に巻きついていたが、飲み込まれてしまった。

　すると、どこでその様子を見ていたのか、「グワー」と一声鳴いてダイサギが飛んできた。満足したアオサギは「どうぞ」という感じで席を譲ってあげた。

　いつもは争い合っている鳥たちだけれど、こんな平和な光景に出合うと心の底ではお互いを大切に思っているのかなとほのぼのとした気持ちに

なった。
　じっと一点を見つめていたダイサギは、ザバッと水しぶきを立て素早くオイカワを捕まえたが、背びれの先だったので安全に食べられる陸の方に運ぼうと飛び立った。
　オイカワは地上の世界に驚き激しく暴れ、銀鱗をきらめかせながら川へと落ちていった。オイカワは、今日の教訓を生活の糧としてこれからの人生を生きていくことだろう。ダイサギは、今日の失敗を反省し、くよくよしないで成長していくことだろう。
　誰もいない朝のひと時、自然の営みは止まることなく、いつもどこかで素晴らしいドラマが繰り広げられている。

キアシシギ

旅の途中でひと休み

シギ科

狩川に降り立った旅鳥のキアシシギ

清流の狩川に来てみると、セグロセキレイが何か良いことでもあったのか、気持ち良くふわりふわりと飛びながら「チーチージョイジョイ」とさえずっている。天気もよく、風もないので水際にいる水生昆虫を見つけやすいのだろう。

いつもイソシギが止まっている石を見ると、今日も朝の光を受けて辺りを見回している鳥がいた。「いつも見るイソシギだけど、でも少し大きいな」と思いながら双眼鏡をのぞくと、見慣れない鳥がこちらを見ていた。時折「ピピピピピ」「ピューイピューイ」と澄んだ声が聞こえてくる。

あっ！この声はキアシシギだ。遠くから何枚か写真を撮影して一息つくと、キアシシ

ギも一本足立ちになり、旅の疲れを癒やすように足柄の景色を眺めながら静かに休憩に入った。

キアシシギは旅鳥で、春と秋の渡りの時期に見られるが、河川や休耕田などの減少や生息環境の悪化で、神奈川県では非繁殖期・絶滅危惧Ⅱ類に区分されている。管理されなくなった水田は、給水がなく乾燥してしまいやがて水生昆虫がいなくなり、水鳥たちも生息できなくなってしまう。

狩川は、時には増水することもあるが、普段は鳥類、水生昆虫類、そして人にも優しい心安らぐ川だ。

涼風に舞う美しいツマキチョウ

ツマキチョウ

風に舞う白いチョウ

シロチョウ科

いつもは寂しい道沿いに、黄色いカントウタンポポの花が一斉に咲き、蜜を求めて飛び交う昆虫たちでとても賑やかになってきた。林道の空間を見ているとチョウやハナアブそしてハチの仲間たちが新緑の光の中を思い思いに飛んでいき、今まで見たこともない、動きのある美しい「昆虫博物館」を見ているような気がし、いつまで見ていても見飽きない。

　道沿いに、アブラナ科のヤマハタザオの小さな白い花が咲いていた。背の高い一本を見ると、花を支える細い茎の部分に1ミリほどの黄色い卵が産み付けられていた。ツマキチョウの卵だなと思いながら辺りを見ていると、ひらひらと風に吹かれながら白いチョウが飛んできた。忙しそうに飛んでいたが、目の前の黄色いカントウタンポポの花を見つけるとそっと止まり、美味しそうに蜜を吸い始めた。モンシロチョウよりも少し小さいツマキチョウだ。美しい羽を開いたり閉じたりしていたが、閉じると自然に同化した地味な色合いで、目の前にいても見失ってしまいそうだ。

　名前の由来は開いた羽の先が黄色いことによるが、涼風に舞う美しいツマキチョウの動きを見ながら、1カ月前、1週間前と違った季節の移ろいを感じた一日だった。

キンラン

光受け美しく輝く花

ラン科

木漏れ日を受け金色に輝くキンラン

萌黄色から緑色に変わり始めた雑木林では、林床に咲いていた花も種子に変わりあまり目立たなくなってきた。木漏れ日の差す青空を見上げると、白いミズキやホオノキ、ウツギの花が咲き木々の花たちで賑わっている。

　山から下りてきた人たちが、雪をかぶった富士山がきれいだったと話していた。そして、近くでキンランの花が咲いていたと言うのでついていくと、半開きで蕾のような感じだったがとてもきれいなキンランだった。こんな道端にと思ったが、その奥はクヌギやコナラの茂る雑木林に通じていた。

　キンランは、落葉樹林内に咲く多年草で長楕円形の葉は長さ8センチほどあり互生

し、茎頂に1センチほどの鮮やかな黄色の花を咲かせる。木漏れ日を受け金色に咲く花は「金蘭」と書き、その名の由来にふさわしく美しい。

数日後、もう一度見に行くと役目を果たしたように花は茶色に変わっていた。

手に取るな
やはり野におけ
蓮華草《れんげそう》

の句のように、この地を通る人々がそっとしておいてくれたのであろう。これからも年に一度の出会いを大切にしながら楽しみにしたいものだ。

香りが良く、花も美しいホオノキ

ホオノキ

芳香漂う雑木林の花

モクレン科

何処からともなく甘い香りが漂ってくる。この香りはなんだろうかと思いながら小高い森の斜面を見上げると、高さ20メートルほどの大きな木に薄い黄色を帯びた白いホオノキの花が咲いていた。15センチほどある大きな花は、たくさん咲いていて辺り一面に上品な香りを漂わせていた。

大きな木のそばに行き、見上げると薄緑の葉と白い花が青空に浮かび、ほのかな香りが空から降ってくるような気がした。風で千切れた花弁を拾い上げるとメントールのような清涼な香りがし、清々しい感じがした。

雑木林では最大級の大きな葉は20～40センチほどあり、枝先に集まってその中心に花を支えるように互生してい

た。郷土料理として大きな朴の木の葉を使った飛騨高山地方の朴葉味噌は、葉の香りと味噌の香りが調和し、山菜やキノコをのせた料理はとても美味しく有名である。また、落葉高木の材は軟らかく、版木や下駄などに使用された。

森を歩くとミズキ、ミツバウツギ、マルバウツギ、ヤマボウシなどの白い花、クヌギ、マユミ、ニシキギなど目立たない花、そしてこのホオノキそれぞれが多様な暮らしをし豊かな森が形成されている。

ジャコウアゲハ

森のパラダイスと蝶

アゲハチョウ科

甘い香りの蜜を吸うジャコウアゲハ

降り続いていた雨がやみ、雲の間から光が差すと木々の新緑が一段と眩しく輝く。甘い香りをのせた柔らかな風が静かに吹き抜けていく方を見ると、上向きに咲くヤマボウシと下向きに咲くエゴノキの白い花が見えた。近づくとその香りは、下向きに咲くエゴノキの花から出ていた。

　花は風もないのにあちこちからポタポタという感じで落ちてくる。下を見ると落ちているのは、花弁と雄しべだけで、種子となる雌しべは枝先に残されていた。新緑の光が数えきれないほど多くの花をつけたエゴノキにシャワーのように降り注ぎ、たくさんのジャコウアゲハが群れ飛ぶさまは「森のパラダイス」だ。

　ジャコウアゲハは、羽を開

くと10センチほどありゆっくりと飛ぶ。このエゴノキには多くの昆虫たちが集まっていて、アオスジアゲハ、マルハナバチ、ホソヒラタアブ、エゴツルクビオトシブミ、エゴシギゾウムシなどがそれぞれの活動を楽しんでいた。
ジャコウアゲハの名の由来は、雄の発するにおいがじゃ香に似ていることによる。幼虫の食べる食草はハート形をしたウマノスズクサ類である。この食草は毒成分を含み、これを食べることによって自分の身を守っているといわれている。厳しい自然を生き抜く知恵に感心した。

カケス

カケスに学ぶ記憶力

カラス科

おいしいものはないかと考えながら探すカケス

「ジェージェー、ジェージェー」と森の奥からカケスの声が聞こえてくる。声を聞いていると、数羽が「ジェージェー」と騒がしく鳴いていて、どこにいるのか場所を特定できない。〝みんなで鳴けばこわくない〟というカケスの知恵なのか、しばらく見ていると、木々の間を飛び交う青い羽が見えた。

カケスは、体長33センチほどで、褐色の体に白地に黒の模様の頭、翼に青い羽を持つキジバトぐらいの大きさの鳥。雑食性で昆虫や木の実を好み、秋から冬の間はドングリを盛んに食べる。

ふと気がつくと、目の前の落ち葉がカサカサと揺れ動いていた。いつの間にかすぐそばまでカケスが来ていて、落

ち葉から出てくる虫をじっと待っていたがさっと咥えて飛び去った。
カラス科のカケスは、カラスと同じように賢くて、ドングリがたくさんある時はどこかに隠したりするが、後でちゃんと見つけて食べるらしい。このごろ、年のせいかいろいろと物忘れがひどいのでカケスに良い方法がないか聞きたいなと思う。
新緑の若葉が美しいふれあいの村、おいしい空気をいっぱいに吸い込めばカケスのように脳が活性化され、きっと記憶力も回復することだろうと足取りも軽くなってきた。
明日5月10日から愛鳥週間、鳥にとって良い環境は人間にとっても良い環境。

オナガバチ 不思議で未知な世界

ヒメバチ科

左上から時計回りに、「触診」「産卵」「届かないときは体ごと産卵」「額をくっつけ押し合い場所争い」

よく晴れた大型連休最後の日に「足柄自然観察会」が行われた。観察会は、県のファミリーコミュニケーションデーの一環の行事だが、大勢の参加者に恵まれ、それぞれいろいろな発見を共有できて楽しかった。

「尾の長いハチがいますよ」という声に、みんなでそっと近づくと、オオイタヤカエデの枝分かれした1本が枯れていて、そこにハチがいた。尾の長いウマノオバチかなと思ったが、そうではなく、黒と黄色の模様をしたオナガバチだった。

枯れかかった幹には数匹のオナガバチがいて、カミキリムシの開けた穴に尾のように見える産卵管を差し込んで産卵中であった。

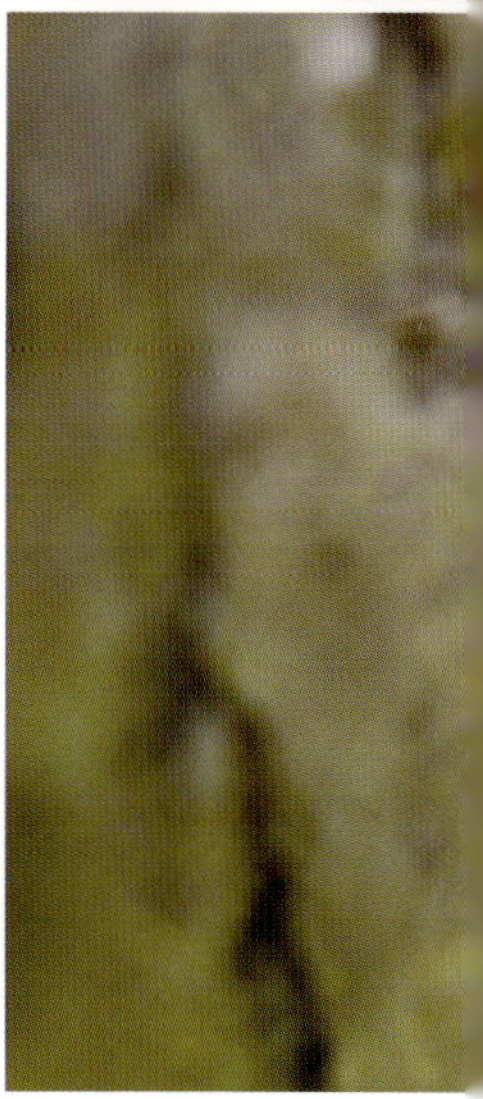

その後数回観察すると、初めは触角で触診するように触れ、何かを感じ取ると腰を曲げ長い産卵管を差し込み産卵をする。産卵管の先には、キバチやカミキリムシの幼虫がいると思われる。

寄生蜂というとアオムシコマユバチを思い出すが、オナガバチのように触角で見えない木の中の幼虫の居場所を探すなんて素晴らしい能力だと思った。

産卵場所を巡る争いはと心配していたら案の定、産卵中の小さなハチに大きなハチが襲いかかる場面があったり、産卵管だけを残して食べられてしまったオナガバチもいた。自然界は、不思議と未知が隣り合わせだ。

ヤマトシジミ
チョウに学ぶ生き方

シジミチョウ科

暑い中、カタバミの葉に産卵中のヤマトシジミ

コンクリートの片隅に、ジシバリの花が咲いている。細い茎を四方に伸ばし、土や埃を集め、次々と地面を縛りながら増えていく姿は「地縛り」の名にふさわしい。

こんなに暑い所でも、文句も言わず黙って頑張っているなと感心しながら見ていると、どこから来たのか、花の周りをふらふらと弱々しく低く飛ぶ小さなチョウがいることに気付いた。

そっと止まったのは、光を受けた瑠璃色の羽が美しい雄のヤマトシジミだった。雌の方はグレーがかった暗色であまり目立たない。羽を広げると3センチほどになるが、閉じると保護色となりまったく目立たなくなってしまう。

ふと気がつくと、産卵中の

ヤマトシジミがいた。茂ったジシバリの隙間にカタバミが生えているのを見つけ、その葉に産卵していたのだった。カタバミが生えているのを見つけたこと、1ミリにも満たない小さな卵は暑さを避けて葉裏に産み付けること――。こんなに小さなチョウもいろいろと考えながら行動していることを教えてもらった。

暑い日差しの中、モデルさんの衣装のような美しい模様を見せながらしばらく産卵活動は続いたが、いつの間にかいなくなっていた。

カタバミはどこにでも生える植物、ヤマトシジミもどこにでもいるチョウ、身近な教材から生き方を学ぶのは楽しいことだ。

楽器のような形をしたオオバウマノスズクサの花＝足柄森林公園丸太の森

オオバウマノスズクサ

楽しい森の〝演奏会〟

ウマノスズクサ科

大きなケヤキの木に、濃い紫色のハンショウヅルの花が見えた。今年もこの花の季節が来たなと懐かしい思いで駆け寄ると、そこには鐘形をした美しい花が絡み付いていた。

　そのそばに、円形や三角形をした大きな葉が幾つもあった。葉の形からオオバウマノスズクサだと思った。

　オオバウマノスズクサは、山地の林内に生えるつる性の木本《もくほん》で、緑色の茎は太く、長い期間そっと保護されていたのだろう。辺りを覆うように茂った葉の下を見ると、黄色い花が見つかった。花に見える部分は萼片《がくへん》で、中心から紫褐色の筋が放射状に伸び、虫を引き寄せる模様を作っていた。筒状になった萼は下を向

き、曲がって上に伸び、先端に黄色の花模様となっている。まるで、管楽器のサキソフォンを思わせる面白い形に見とれてしまった。サキソフォンの中は内側に向いた毛があり、虫が入りやすく出にくいので苦労して出る頃には花粉が付き受粉に役立っている。

耳を澄ますと、あちらこちらから美しい夏鳥の演奏が聞こえた。気持ち良い風にジャコウアゲハは楽しく舞い、ケヤキの幹の周りには幾つものサキソフォンが咲き、楽しい森の演奏会のようだった。名の由来は、六角形をした果実が馬に付けた鈴に似ていることによる。

クマバチ
気は優しくて力持ち

ミツバチ科

ブーンと羽音を鳴らし花に近づくクマバチ

「ブーン、ブーン」と、大きな羽音を立ててクマバチが飛んできた。体長2センチより少し大きく、ずんぐりとした体形で見るからに重たそうだ。体に似合わない小さな羽を動かすので、この「ブーン」という羽音によく驚かされるが、性格はおとなしく、力持ちでよく働き、触れたりしなければ人を刺すこともなく、この品行方正な姿を見習いたいほどだ。

数年前のこと、学校の中庭で見たクマバチは音楽室から聞こえてくるメロディーに合わせて空高くホバリングし、伸び伸びと上下左右に動く姿がまるで空中の五線紙の上を踊っているような気がして見とれてしまった。音楽の先生に「素晴らしい演奏にクマバ

チが踊っていましたよ」と伝えると、「本当ですか」とにっこり笑った。
「ブーン」と羽音が近づき、カラスノエンドウの花に止まり蜜を探していた。花に止まるとクマバチの重さで茎は倒れてしまうが、そんな苦労もなんのその。次々と花を探し、とうとう目の前数センチに近づいた。
真っ黒な体に黄色い胸、スモークがかった羽がお洒落なハチだ。ほどなくホバリングを始めたが、なんと、飛んできたツバメを追いかけて飛んで行ってしまった。縄張りを守ろうと、近づく敵を追い払う素晴らしい能力も持っていたのだ。

モズ

モズの不思議な行動

モズ科

カエルの「はやにえ」（写真左側）を残して嬉しそうに飛ぶモズ

初夏の風に乗って、キビタキの声が聞こえてきた。姿はなかなか見えないが、あの素晴らしいコーラスを聞くだけで楽しくなってくる。声の辺りを探すと、新緑の眩しいコナラの枝に止まり、黄色い喉を波打たせるようにして鳴く美しいキビタキがいた。

生い茂った藪の近くに来ると、不意に「キチキチキチキチ、キチキチキチ」と、鋭い鳴き声が聞こえてきた。いつの間にか目の前に雄のモズが現れ、尻尾を回しながら今にも飛んできそうな勢いだった。モズの気迫に負けて横に動くと、モズも横に動き「キチキチキチ」と激しく鳴いた。以前モズの「はやにえ」を見た辺りまで来ると、安心したように藪に隠れた。きっとさっ

きの藪辺りに巣を作っているのだろうと思った。
　モズの「はやにえ」を見たのは、田んぼを耕し始めた頃で、耕運機が動いていくとすぐに下りて、ミミズやクモを捕まえ一気に食べていた。カエルを捕まえてしばらく咥えていたが、それを枝先に刺すと嬉しそうな顔をしてこちらに飛んできた。今は雛を育てる最中なのだろう、「はやにえ」が取り持つ縁でモズの不思議な行動を垣間見た気がした。
　間もなく愛鳥週間、まだ寒い日もあるが、早いもので巣立ったスズメの雛を見かけた。みんな元気で無事に育ってほしいと思う。愛鳥週間は、野鳥を取り巻く環境保護を大切にする1週間である。

花に止まって小さな虫を食べるニホンカワトンボ

人に優しいトンボ

ニホンカワトンボ

カワトンボ科

歩くと暑いなと感じる日でも、川縁の近くでは穏やかに吹く風が気持ちよく、暑さを忘れさせてくれる。

小さな橋の上に来ると、涼しい風が冷たく感じられる。澄み切った水にカワモズクがゆらゆらと揺れ、上総川の水質の良さを証明しているようだ。水辺に下りて手を浸すと思ったよりも冷たい。この水辺を通り過ぎる風が辺りの空気を冷やしてくれていたことがわかった。

川の水に半分ほど浸かった大きな石が数個あり、いつもトンボが止まっているが今日は見当たらない。辺りを探すと、日の当たるコンクリートの上にニホンカワトンボやミヤマカワトンボが行儀よく並び、じっと太陽の光を浴びていた。しばらく見ていると、1匹がふわっと飛び

上がり、こちらに向かって飛んできたが、辺りの景色と同化し見失ってしまった。
何となく気配を感じてヒメジョオンの花を見ると、口をもぐもぐさせて小さな虫を食べているニホンカワトンボが見つかった。花に止まるトンボも面白いなと思いながら、よく見ると翅《はね》の先端に白い点の付いた美しい雌のニホンカワトンボだった。
トンボは蚊やハエ、アブや田んぼなどにいる昆虫を食べる益虫として昔から大切にされている。池や沼、川や田んぼなどそれぞれの環境で、いろいろな種類のトンボが生息している。トンボのすむ環境を守ることは、人間にもきっと優しい環境となって還元されることであろう。

ゴマダラオトシブミ

美しく正確な設計士

オトシブミ科

大きなクリの葉を折りたたむゴマダラオトシブミ

新緑の林の中は、吹く風も爽やかで何となく心安らぐ。ゆっくりとカワトンボが飛んできて、アオキの葉に止まった。新しく出てきたアオキの葉は黄緑色で、カワトンボの色と同調し、動かなければ目立たない。時折、木漏れ日が差すとカワトンボの羽が輝きアオキの葉の上に美しい影絵を映し出す。今日も新しい出会いがありそうな気がして足取りも軽くなった。

しばらく歩くと、道端の栗の木の葉に「揺りかご」が見つかった。揺りかごとは、オトシブミという昆虫が葉を巻いて作る巻物で、新しい葉が出るこの時期によく見られる。柔らかな葉を見ると、8ミリほどの雌のゴマダラオトシブミがいた。

久しぶりに見るゴマダラオトシブミ、オレンジ色に黒い斑紋の付いたお洒落な姿でこちらを見ていた。切り込みを入れ、葉が少し萎れる間も、主脈に沿って徐々に折り曲げ、葉の隅々までくまなく点検。そうして正確な作品を作る姿は、まるで設計士のようで素晴らしい。

帰り道、すっかり出来上がった「揺りかご」が明るい日差しの中で芸術作品のように飾られていた。小さな橋の上で深呼吸をすると、すべての雑念が消え、新しい気持ちで仕事に打ち込める気がした。自然はやっぱり素晴らしい。

ヤマガラ／コゲラ／キビタキ

鳥に学んだ愛鳥週間

左上から時計回りに、餌を咥えたヤマガラ、飛んで来たコゲラ、さえずるキビタキ、きれいに巣穴を掘るコゲラ

薫風の吹く木陰で新緑を眺めていると、目の前を小さな鳥が横切っていった。そばの桜の木に止まると、葉の裏や幹の間を丹念に探していた。胸や腹が赤茶色の愛嬌のあるヤマガラだった。

餌を咥えたまま飛んでいる様子から、自分が食べるというよりも雛のために集めているようだった。しばらくして口いっぱいに餌を咥えた２羽のヤマガラが楽しそうに飛んで行った。近くにもう１羽がいたのだった。

立ち上がろうとした時、音もなくコゲラが現れた。辺りを見ながら木の周りをらせん状に登り巣穴の前で止まった。幹の上の方に巣穴があったのだ。何度も巣穴に出入りを繰り返していたが、「ギィ」

と一声出して飛んで行った。ちょっと休憩のつもりだったが、鳥たちの活動を見ているうちにゆっくりと休憩することができ、何となく気持ちにゆとりが出来た。

遠くから「キョロンキョロン」とのどかなクロツグミの声が聞こえ、少し霞がかったなだらかな稜線が美しく、次回はあの山を目指そうと思った。美しいキビタキの声を聞きながら帰路に就いた。

相変わらずコゲラは巣穴を掘り続け、木屑は空中を舞い体まで木屑まみれになっていた。

愛鳥週間、コゲラの仕事に打ち込む意欲の素晴らしさから、鳥たちを取り巻く自然環境の保護について考えさせられた。

水辺を背に1センチほどの花弁が美しいカヤラン

カヤラン
美しくそっと咲く花

ラン科

木々の枝が伸び始め、次第に緑色の葉が濃くなってきた。今まで見えていた青空が見えなくなって寂しい気がするが、木々の間から吹く風が緑のシャワーのようで爽やかだ。木の幹にキヨスミイトゴケが幾筋も下がり、剥がれそうになったノキシノブが風に揺れていた。辺りの空中湿度が高いことがうかがえる。

一度通り過ぎてから何気なくノキシノブを見直すと、何となく薄黄色の小さな花が見え、不思議に思った。近寄って写真を撮り、拡大してみるとカヤランだった。

カヤランの名は、2センチほどの披針形の葉が針葉樹のカヤの葉に似ることによる。シラカシやスギなどの茂る林内の樹幹に着生する多年草

で、花が咲かないと小さくて目立たない。1センチほどの淡黄色の花の中心に袋状の唇弁があり、紫褐色の模様がその美しさを引き立てていた。風にそよぐ様子を見てノキシノブと思っていたが、小さくてもしっかりと根付いたカヤランだった。水辺を背景にしたその美しさに疲れも忘れしばらく見入ってしまった。
　カヤランは「神奈川県レッドデータ生物調査報告書」で、絶滅危惧Ⅱ類に分類されている貴重な植物。森林伐採や水源の枯渇、園芸採取などで減少している。森に守られそっと咲く花、いつでもみんなが見られるように、周りの環境も含めそっとしておきたい。

オオミズアオ
美しく飛び命つなぐ

ヤママユガ科

色鮮やかで大きな翅が美しいオオミズアオ

新緑の眩しい季節になった。道端に赤、白、オレンジ、ピンクなど色とりどりのツツジの花が咲き、柔らかに吹く風も清々しい。雨上がりの道をクロアゲハ、ジャコウアゲハ、コミスジなどが楽しそうに飛び交い目を楽しませてくれる。ツツジの垣根の下に咲くヒメジョオンの花にダイミョウセセリが止まり蜜を吸っていた。

そっと近づいた時、思わず「あっ」と声を出しそうになった。目の前に大きな青い羽をゆっくりとバタバタさせながら、オオミズアオが飛んできたのだ。紙飛行機のように優雅に飛んできたように見えたが、勢いがよすぎて今にもぶつかりそうになった。どうなることかと心配したが、

ツツジの葉を力強く数枚つかむとそこでやっと静止した。

オオミズアオは、羽を開くと10センチほどの大きさ、薄黄緑色の薄い羽、くし状の模様をした触角、赤茶色で縁取られた前翅《ぜんし》、よく見るとそれぞれの翅《はね》に黄色の眼状紋があり色彩の美しい気品のある蛾《が》だ。

成虫は、夜間の街灯の明かりに飛んでくるのを見かけるが、口が退化していて蜜を吸うこともなく、交尾し産卵をするとその生涯を終えるという儚《はかな》い命。澄み切った空気のもとで自由に飛び回り、次の世代に命をつないでいってほしいものだ。

左上から時計回りに、出会った3匹のカシルリオトシブミ、一心に揺籃を作る、産卵をし仲良く葉を巻く、この葉で2個の揺籃が出来た

カシルリオトシブミ

美しく平和に生きる

オトシブミ科

イタドリが大きく伸び、この木何の木と思うくらいよく目立つようになった。まだ柔らかい葉先を見ていると、春先に紅褐色の茎を折ると「ポキッ」と爽やかな音がし、皮をむいて食べると酸っぱい味が口中に広がり春を感じたことを思い出した。

先端の若葉も瑞々しく、照葉樹の芽吹きのように光っていた。切れ端のように垂れ下がった葉裏には小さなカシルリオトシブミが揺籃《ようらん》を作り始めていた。

この虫は、4ミリほどの大きさ、名の由来になった瑠璃色の翅《はね》と金色の胸と頭が美しい。良い場面に出合ったとカメラを用意した時、冷たい風とともに雨が降ってきて虫たちも忙しそうに急にいなく

なってしまった。

雨がやみ、気を取り直してもう一度出かけると、切り込みの入った葉の裏で3匹が争っていた。どんな事情があるのか知らないが、雄の2匹が1匹の雌を巡って争っているようだった。垂れ下がった葉が風で揺れると、雄の2匹はいなくなっていた。みっともないよと、風が平和に解決してくれたのかもしれない。1匹になった雌は、一心に揺籃を作り始めた。雄も戻ってきて仲良く揺籃作りを続けた。

6月4日は語呂合わせで虫の日。イタドリやカシ類、フジなどの葉が切れていたら注意して探すと、美しく平和に生きる面白い虫にきっと出会えることだろう。

歌まね上手で面白いファッションのガビチョウ

ガビチョウ

特定外来生物に注意

チメドリ科

空が青く澄み、ケヤキやクヌギの新緑が眩しい季節になった。森の奥から「ホケキョ、ホケキョ」と、ウグイスの声がのどかに聞こえゆったりとした気分になる。

　その時突然、「ギーギョギーギョ、グエグエグエフィーチョフィーチョフィーチョチョチョチョ」と、濁った大きな鳴き声が聞こえてきた。声の主は目の前に見えるアカメガシワからで、正面を向き、口を大きく開け鳴いていた。すると、遠くから「フィーチョフィーチョフィーチョチョチョ」と、鳴き交わしてきた。声のする方に向きを変えると「グェグェフィーフィーピィーピィー」と、前よりも大きい声で鳴き始めた。

　この鳥はガビチョウといい、中国から東南アジアが原産の外

来種。目の周りの眉状の模様から画眉鳥《がびちょう》といわれる。歌真似が上手で、ウグイス、キビタキ、コジュケイ、サンコウチョウやクロツグミの歌声など多彩である。今度は気象予報士よろしく「キョウハアツイキョウハアツイ、アツイアツイアツイゾアツイゾ」と、調子を上げていたが、急に静かになり、きまり悪そうに藪に潜ってしまった。

ガビチョウはムクドリぐらいの大きさで、里山や雑木林に住み着き繁殖し分布を広げ、特定外来生物に指定されている。今後、同じ生態系で生活する在来の鳥類との競合について長期的に観察し、その影響を注意しなければならない。他の特定外来生物と同様に飼育栽培、保管および運搬は厳に慎むべきである。

サカハチチョウ

優雅に滑空する逆八

タテハチョウ科

羽の模様が八の字を逆さにしたサカハチチョウ

グライダーが飛ぶような感じで、羽を水平に開いたタテハチョウが優雅に滑空し、クサイチゴの葉に止まった。葉っぱは全く揺れずに小さなチョウを支えた。羽を開くとオレンジと黒、そして黄色の鮮やかな筋があり、全体が左右対称で美しい模様だ。名の由来は黄色の模様が八の字を逆さにしたように見えるサカハチチョウ（逆八蝶《さかはちちょう》）だ。

　サカハチチョウは、羽を開くと35～45ミリほどでモンシロチョウと同じくらいの大きさ。羽の色は春型と夏型で全くと言っていいほど違っている。幼虫の食べる食草はコアカソ、イラクサ、ヤブマオなどのイラクサ科の植物。イラクサは柔らかそうな葉だがよく見ると透明な棘があり、

うっかり触るとその痛みは激しいので注意したい。

「さかはちが　顔の汗吸う大暑かな」という面白い句がある。暑い夏の頃、額に汗をかきながら山に登っていると、サカハチチョウが飛んできて、顔に止まり汗を吸い始めた。人馴れしているわけではないが、暑い夏を乗り切るために、人間の汗に含まれる水分とミネラルが必要だったのかもしれない。

コアカソの生えている渓流から「フィーフィー」と、風に震えるカジカガエルの声が聞こえてきた。サカハチチョウは、この涼しげな声を聞きながらこれからも新しい命を育んでいくことだろう。

◉神奈川新聞紙面から―連載の節目に掲載した紹介記事―

2011年（平成23年）5月18日　水曜日

毎週水曜日、県西版に掲載されている連載「四季のたより～足柄ふれあいの村から」が18日付で100回目を迎えた。県立足柄ふれあいの村に勤務する吉田文雄さん(67)＝厚木市飯山が、着任直後の2009年5月13日付から執筆し、2年を費やした。小学校教諭のころから培った動植物に対する「観察の目」。これからも多くの生き物を紹介する意気込みだ。（山上　大）

動植物　物語届けたい

1969年、横浜市旭区の市立左近山第一小学校に赴任したのが〝出会い〟の始まりだった。「当時は学校周辺にたくさん自然が残っていて、子どもたちと一緒に野原や小川で遊びました」。分からない動植物があれば図鑑で調べ、知らず知らずのうちに膨大な知識を身につけた。

その後、厚木市の小中学校教諭を経て市教育委員会へ。自然教室指導主事の時に学芸員の資格を得、「あつぎ自然歳時記」(国書刊行会)を書き上げている。

同村は4月に機構改革があったが、吉田さんは「貴重な人材」としてとどまった。連載で取り上げた動植物は第1回の「ツノハシバミ」から第100回の「キンラン」まで多岐にわたり、豊富な知識と自然への愛情にあふれる。

「本当に恵まれた環境だった。これからも、たくさんの動植物の物語を来場者に、読者に届けたい」と吉田さん。「生き物の気持ちになって観察すること」を心掛け、今日も足柄の〝自然の宝庫〟を見守っている。

道端で見つけた珍種のキンランを説明する吉田さん

2015年（平成27年）6月13日　土曜日

旬を追い掛け300回

連載「四季のたより」で健筆

毎週水曜日に県西版と横浜版に連載されている「四季のたより～足柄ふれあいの村から」が17日に300回を迎える。連載は県立足柄ふれあいの村（南足柄市広町）の学芸員・吉田文雄さん（71）＝厚木市飯山＝が1人で担当している。あるときはクモに、あるときは鳥に、またあるときは木々や花々になり代わったかのような清澄な筆致にファンも多い。この丸6年を振り返ってもらった。

（西郷　公子）

「もう少し頑張ります」と話す吉田さん

「できるだけ旬のものをと思っているので、書きたいことが多いと来年に回したり。ああいうふうに書けばよかった、少し言い残したことをまた書いてみようか、と思っているうちに続けてこられた」と吉田さん。

横浜版にも掲載されていることもあり、県内全域にファンがいて、記事への感動や励ましの電話がしばしばあるという。足柄ふれあいの村の自然観察会へ足を運ぶ人も増えている。

近年は、各地の環境調査の依頼を受けることも多く、貴重な生き物のすむ場所での開発に変更を求めたり、代替地を設けるようアドバイスしたりすることもある。そんなこともあり、昨年は「1級ビオトープ施工管理士」の資格試験に挑戦。難解な環境関連法などの勉強もこなして見事合格した。

小中学校の教諭時代に、子どもたちと自然を学んできた経験はいまも息づく。「葉っぱ1枚でも人間にメッセージを送ってくれている。その生き物からのメッセージを面白いと思ってもらえれば、自然を大切にしてくれるのではないか。大人もそうですが、連載が子どもたちにとり自然を考えるヒントになってくれれば」と思いを込めた。

自然観察に夢中になって転んだり、けがをしたりすることもあるというが、連載については「（今後も）もう少し頑張ろうと思います」と決意を話してくれた。

クロツグミ

センダイムシクイ

ツツドリ

ツバメ

夏編

サマーシーズンの幕開け　渡来する夏鳥たち

オオルリ

コチドリ

オオヨシキリ

キビタキ

エゴツルクビオトシブミ
雨天も楽しい出会い

オトシブミ科

雨の日の出会いを楽しむエゴツルクビオトシブミ

　朝から降りしきる雨の中を、ツバメが勢いよく飛んでいく。ツバメたちは子育ての真っ最中。自慢の燕尾服はびしょびしょだが、雨の日を楽しんでいるように軽く飛んでいく。
　白い靄《もや》に煙るふれあいの村に着くと、雨に濡れた木々の色が鮮やかで清々しい気持ちになる。
　小雨の中を歩いていくと、エゴノキの葉の上に9ミリほどの黒いエゴツルクビオトシブミがいた。
　やや小雨になった西の空を祈るように眺めているのは、首の長い雄のエゴツルクビオトシブミで、偶然なのか少し首の短い7ミリほどの雌のエゴツルクビオトシブミがやってきた。2匹で辺りを動き回

り柔らかな葉を食べていたが、やがて雨も上がり明るくなった西の空に向かって飛んでいった。雨の日の出会いでまた新しい生命が生まれてくることだろう。

オトシブミは、設計士のように葉の寸法を測り、印を付け葉を巻いて揺りかごを作り、その中に卵を産む。孵化した幼虫は、中の葉を食べ蛹、成虫へと成長し穴を開けて飛んでいく。名前の由来は葉を巻いた揺りかごが手紙(文)に見えることから。

マタタビ

清楚な花マタタビ

マタタビ科

美しく咲いたマタタビの花

雨上がりの雑木林を歩くと、樹木に絡み付いたマタタビの白い葉が目立って見える。ここにも、そこにも、こんなにあったのだと初めて気付く。

マタタビの葉は淡緑色で楕円形、長さ10センチほどだが、6～7月の時期は先端の方の葉が真っ白になり気付きやすくなる。白い葉には虫たちを誘い寄せる働きがあり、その近くに花があることを教えている。雨に濡れた白い葉に近づき、葉の裏側を見ると、ほのかに甘い香りのする白い花が咲いていた。どの花もみな美しく、何か「不思議な国」にしばし迷い込んだような気がした。

白い葉は、花の時期が過ぎると、他の葉と同じように淡

緑色に戻って果実を見守る。マタタビ科の果実はマタタビをはじめ、サルナシ、キウイなど栄養価の高いものが多く、食用薬用として重宝される。

名前の由来は、主にアイヌ語の「マタタンブ」が転訛したという説と、疲れた旅人が実を食べて元気になり、また旅（マタタビ）をした二つの説がある。

「猫にマタタビ」というように、猫にとっては、元気の出る〝薬〟であるが、何事も度を過ぎないことが大切である。

ハンミョウ

人に山道案内する虫

ハンミョウ科

体の色が美しいハンミョウ

山道を歩いていると、何かが飛び立って少し先の地面に下りた。少し近づくと、また先の方へと飛び立つ。この虫は「ハンミョウ」といい、その行動がまるで道を教えてくれているようなので「道おしえ」と呼ばれることもある。

注意しながらそっと近づくと、何ともいえない美しい色合いのハンミョウが大顎を盛んに動かしながらじっとこちらを見ていた。どうやら食事中らしい。体長は20ミリほどで、前脚を立てて辺りをうかがいながら、アリなどの小さな昆虫を食べる姿は堂々としていて威厳を感じる。

夏の炎天下の中でも、暑さにも負けず左右にある大きな複眼で地面にいる虫を探し出す。雨の日や夜は、木の上や

葉の上にいるのを見かける。
光の加減なのか、青、緑、赤、白の色が微妙に輝き合い、自然の中で出合う昆虫の美しさと、その不思議な形にいつも感動する。
平地や丘陵地、お寺などでよく見られたが、最近はあまり見られなくなってきた。個体数が減少しているのは、幼虫のすむ土手や裸地など生息環境が次第に減ってきていることが大きな原因ではないだろうか。

うつむき加減でそっと咲くイチヤクソウ

イチヤクソウ
土手に咲いた薬の花

イチヤクソウ科

土手の上で草刈りをしている人に出会った。この時期は草木の成長が早く、「ちょっと油断をすると、こんなに生い茂ってしまうんだよ」と、額の汗を拭いながら話してくれた。

話を聞きながら土手を眺めていると、思いがけない花が咲いているのに気が付いた。

上の空で話を終え、近づいてみると、1センチほどの白い花が下向きに咲いていた。黄色の雄しべは多くあり、その中心に1本の長い雌しべが湾曲している。美しいイチヤクソウの花だった。

久しぶりに見たイチヤクソウは、草丈15センチほどでタチツボスミレやスゲ類、テイカカズラなどに紛れていて、花が咲いていなければほとん

ど目立たない。

イチヤクソウは漢字で「一薬草」と書き、むくんだ場合には利尿作用があり、虫刺されにも効き目があるとされることからこの名がある。

林内で見かける多年草で、いつも見ているつもりでいたが意外に忘れてしまうことが多い。人が忘れていても、花はその時に必ず咲きほほ笑んで待っている。

いつも何げなく見ていた道端の植物たちは、その日その時の自然の移り変わりを教えてくれる良き指導者だ。

美しい尾状突起を持つミズイロオナガシジミ

ミズイロオナガシジミ
鳥よけを持つチョウ

シジミチョウ科

雑木林を歩いていると、「フワッ」と小さなチョウが飛び立ち、少し高いクヌギの木に止まった。白っぽい羽に黒い模様、オレンジと黒のマークの後ろに尾状突起があるようだ。ミズイロオナガシジミのような気がした。

数日後、同じ場所を歩いてみたが、風が強く、木々の葉が揺れていて見つからなかった。「こんな日はいないんだなあ」とあきらめて下草を見ていると、若草色をしたあまり目立たないクモキリソウの花が見つかった。

久しぶりに見たクモキリソウの写真を撮り終え、木々の間から流れてくる涼しい風に吹かれ、目の前のノアザミの花を眺めていると、その脇の葉の上にじっと止まっている

チョウがいた。
そっと近づくと、ずっと探していたミズイロオナガシジミだった。今日は風が強いので下草に止まり、静かに過ごしていたのだ。尾状突起は、頭よりも目立つこの部分を天敵の鳥などが狙うようにしたチョウの知恵であるといわれている。
足の模様のセンスの良さ、不思議な尾状突起に感心しながら、脅かさないように数枚の写真を撮り、静かにその場を離れた。風は強かったが、小さな昆虫に感謝した良い日だった。

ジンガサハムシ

宝石のように輝く虫

ハムシ科

透き通った美しいジンガサハムシ

道端の垣根に絡まったヒルガオの花が咲き始めた。この花を目ざとく見つけたハナバチたちは漏斗状の花の中に体ごと潜り込み、おいしい蜜をもらい、その代わりに受粉の手助けをしているのだ。ピンク色の花は、こんなに暑い日でも毎日美しく咲き、通る人たちを元気付けてくれる。

ふとヒルガオの葉の裏を見ると、金剛色に光る虫がいた。「あっ、ジンガサハムシだ」と思ったときには、もう逃げてしまっていた。「透き通った羽もきれいだったな」と思いながら通り過ぎようとしたとき、今度はどこからともなく小さな虫が落ちるようにヒルガオの葉に止まり、すぐ葉裏に隠れた。９ミリほどの小さなジンガサハムシだっ

た。
　透明な羽、かわいらしい黄色い小さな脚と触覚、全体の模様は陣笠のような不思議な形をしている。光に照らされて宝石のようにキラッと輝くと、そそくさと葉の裏に隠れてしまい見失ってしまった。
　どこにでもあるヒルガオだが、雑草と思って引き抜く前に、ほんの少しの時間だけでも観察してみると意外な発見があるかもしれない。美しい花もよいが、虫食いの葉でも注意してみると、今まで見たこともないような美しい〝宝石〟を見つけることができるかもしれない。

サイハイラン

戦の采配思い浮かぶ

ラン科

森の木陰でそっと咲くサイハイラン

采配を振る北条早雲公の像

日当たりの良い土手にベニシジミがいた。辺りには、黄色いカタバミの花が咲いているのに目立たないスイバの葉に止まっている。見ているとゆっくり葉の裏や茎の方へ行き産卵活動をしていた。いつもはすばしっこく飛び回っているのにと思いながら腰を下ろし、木漏れ日の差す林床を見ると細長い花を付けたサイハイランが咲いていた。

　サイハイランは山地の日陰や丘陵地に生えるラン科の多年草で、根元に1～2枚の細長い葉を付ける。丈夫な茎は30センチほどで直立し、10～20個ほどの細長い花を下向きに咲かせる。名の由来は、その昔、武将が戦いを指揮する（采配を振る）ために使った指揮具に似ていることによ

る。小田原駅のバスターミナルにある北条早雲像の、采配を高く掲げたその勇姿を思い起こす。

花は落ち葉の色と同化しあまり目立たないが、下から見上げると紅紫色で美しく、風に吹かれて揺れる様子を見ていると、遠い昔この森でも戦があり勇ましい武将が采配を振っていた様子や歓声が聞こえてきそうな気がする。

何気なく見かける小さなチョウや木陰で微笑む目立たない花、そして、爽やかな風が梅雨時の疲れを吹き飛ばしてくれた。

セッコク

雨の日も美しく咲く

ラン科

大木の上で咲く小さなセッコクの花

道端に白いウツギの花が咲いていて、辺り一面に甘い香りが漂っている。香りに誘われるようにジャコウアゲハが次々と飛んできて、梅雨の晴れ間を利用して蜜を吸っていた。しばらくすると、満足したように道を越えてモミの木の間をすり抜けていった。

「この辺りのモミの木だったかな」と去年の記憶がよみがえってきた。モミの大木を見上げると、去年と同じ場所に今年も白い妖精を思わせるような美しいセッコクの花が、今が見ごろと咲いていた。

セッコクはラン科の常緑多年草で、多数の根を出し樹幹や岩上にしっかり着生する。茎には多数の節があり、葉の落ちた節には3センチほどの

ラン特有の花をつける。「神奈川県レッドデータ生物調査報告書」では、絶滅危惧種に区分されていて、この時期に花を咲かせるがいつもはあまり目立たない。

双眼鏡でよく見ると、その上の方にも緑色の細長い葉が見え、節々にたくさんの淡紅色の花を咲かせていた。あまりの美しさに小雨が降り始めたことに気が付かなかった。

小さなセッコクは、大雄川の清らかなせせらぎの音を聞きながら、土地の人に見守られ、モミの大木とともにこの地域の移り変わりをいつも見つめているのだろう。

カワモズク

清流に生息する藻類

カワモズク科

恵みの雨で元気になった植物たちは林道を塞いでしまうほど繁茂してきた。道の両側には赤いクサイチゴの実がたくさんなっていた。大きな一粒を口に入れると、何とも言えない甘酸っぱい味がして、子どもの頃に食べた懐かしい味を思いだした。

川に下りると、青白い個体のサワガニが鋏脚を高く上げゆっくりと横歩きをしながら楽しそうに通り過ぎていった。水は澄みきっていて大きな石に当たった水が緩くうねり流れていく。

梅雨の晴れ間の木漏れ日が差すと、そのうねりからは泡も出ていないのに次々と丸い影ができ、ゆらゆらと揺れながら次第に細長くなっては消えていった。

幻想的な川の流れに見とれていると、川底で水に揺れるカワモズクにも光が当たった。川底の石の上には、アオカワモズクとチャイロカワモズクの2種類が生えていて流れに任せて静かに揺れ動いていた。冷たい水だなと思いながら水温を測ると12・8度だった。

カワモズクは、準絶滅危惧種に区分されている藻類で湧き水や清流に生息し水環境の汚染が進むと消えてしまう。冷たい清流と凛とした空気が、目立たない貴重な藻類を守っているのだろう。

清流に生きるアオカワモズク（上）とチャイロカワモズクのアップ（下）

フミヅキタケ
文月の森彩るキノコ

オキナタケ科

足柄森林公園丸太の森の植樹祭会場で見掛けたフミヅキタケ

大きな砂岩の中には、たくさんのハマグリ化石が含まれていて、それは見事な展示だった。足柄層群塩沢層の中に含まれるこの化石は約70万年前の古いものらしい。久しぶりに出かけた郷土資料館には他にも素晴らしい資料の展示があり、よい勉強になった。

帰り道、第61回全国植樹祭の会場に立ち寄ると、前年に植樹された木々が降り続く雨を喜ぶように成長していた。階段の上に敷きつめられたウッドチップの上を歩くと、行く先々にたくさんのキノコたちが傘を差すようにして並び、それは去年の植樹祭を思い出させた。傘から滴る雨粒を見ながら、あの日も植物にとっては恵みの雨だったこと

を思い出した。
　生えていたキノコについて、神奈川キノコの会会長の城川四郎先生にお聞きしたところ、つばや胞子の色などの特徴からフミヅキタケであることを教えていただいた。
　フミヅキタケは、「文月茸」と書き、旧暦の7月（文月）頃に生えるのでこの美しい名があるが、実際は結構長い期間見掛ける。晴れた日に見ると、その後に生えたと思えるフミヅキタケが「今日は日傘ですよ」と元気に生えていた。キノコは、古い木材を腐らせ森の掃除をする大事な役目を担っている。

コハナグモ

カニグモ科

油断できない自然界

ハンショウヅルの花に止まり獲物を待つコハナグモ

爽やかな風に乗って、甘い香りが漂ってきた。覚えのある香りだなと見上げると、杉の木に絡まったテイカカヅラが、白い風車のような花を幾つも咲かせていた。白ワインのような香りと聞いたことがあったが、今日はそんな気がした。

林の縁を見ながら歩くと、カラスザンショウ、モミジイチゴ、ハナイカダ、ハリギリ、キブシなどが競い合いながら成長していて、いつまでも見飽きることのない散歩道だ。

この季節、遠くからでもよく目立つのが赤紫色のハンショウヅルの花で、下向きに咲く美しい花が何輪も見えた。花に近づくと、何かが横切ったような気がしてもう一

度見直すと、こちらを見ている小さな顔があった。顔に見えたのはクモのお腹《なか》の部分で、その模様が何となく人の顔に見えるから面白い。
　このクモはコハナグモといい、網を張る種類と違った方法で、花や葉の上にいて獲物が近づくのを根気強くじっと待っていたのだった。よく見ると、クモはすでに何か小さな虫を捕えているが、食事中であっても油断することなく周囲に気配りをしていた。自然界は油断大敵だ。
　鮮やかな新緑が広がる絶好の季節、その新緑を巡って昆虫や鳥類が活動し「食う食われる」の食物連鎖が行われている。あらゆる命の躍動をみんなで体験しよう。

キビタキ

気品ある美しい鳥

ヒタキ科

クヌギやコナラ、ミズキ、イロハモミジなど雑木林の若葉が日増しに生い茂ってきて、木々の間を吹き抜ける風は爽やかだ。

耳を澄ますと、その風に乗って森の奥から「キョロンキョロン」とクロツグミののどかな声が聞こえてくる。時折、「特許許可局、特許許可局」と早口言葉のようなホトトギスの声が慌ただしく通り過ぎていく。

高いコナラの木から透き通った鳴き声が聞こえてきた。声の辺りを双眼鏡で探すと、黄、黒、オレンジ、白など鮮やかな模様が美しい雄のキビタキがいた。

キビタキは、体長13・5センチほどでスズメよりも小さく、このさえずりを聞かないと見つけにくい。

陽気のせいなのか「ピックルルピピロピピロ、ピッピッピックルル、オーシツクツク、チョットコイチョットコイ」とセミやコジュケイの声も交え楽しそうに繰り返しさえずっている。

その声に誘われたのだろうか、いつの間に飛んで来たのか雌のキビタキがイロハモミジの小枝に止まり、美しいコーラスを聞いているようだった。目立たない色をしているが、愛くるしい目がとてもかわいらしい鳥だ。

初めて見た美しく気品のある雌のキビタキ、爽やかな森の風と共に今日も一日がスタートする。

イロハモミジの枯れ枝に止まる美しい雄（上）と雌のキビタキ（下）

ウスアカオトシブミ

技術者思わせる行動

オトシブミ科

フサザクラの葉を食べるウスアカオトシブミ

川縁を歩いていると、葉の半分が白くなったマタタビの葉が風に揺れていた。植物や昆虫を見て季節を知ることができるが、白く化粧をしたマタタビの葉の下には清楚な白い花が見え、梅雨時の鬱陶しさを吹き飛ばしてくれる。

林縁の木陰を歩いて行くと、道端に3センチほどの小さく巻いた緑色の巻物が幾つも落ちていた。

これはオトシブミという昆虫たちが作ったもので「揺りかご」と言われていて、切り落とすタイプと落とさないタイプに分けられる。「揺りかご」の作り方は、新しい1枚の葉の主脈に傷をつけ、葉が少し萎れると真ん中から折り曲げ産卵し巻き上げていく。左右の寸法が狂わないように

仕上げていく様子は、まるで高級技術者のようで素晴らしい。

ふと見上げると、瑞々しい大きな葉をつけたフサザクラに食べ跡らしい小さな穴が開いていて、小さな影が見えた。脅かさないようにそっと葉の上を探すと、赤褐色で6ミリほどのウスアカオトシブミが足を踏ん張るようにして美味しそうに黄緑色の若葉を食べていた。

よく見ると、葉脈の部分は硬いのか、筋の所は残しながら黙々と食べていた。時おり遠くの空を眺める姿は、聡明な設計士を見たような気がした。梅雨の晴れ間のひと時だった。

左上から時計回りに、楽しく飛ぶシジュウカラ、キビタキのひな、水に落ちたひなを救う親鳥、ホオジロのひな

シジュウカラ 他
素晴らしい親子の絆

「ツウーピン、ツツピー」遠くからヤマガラの澄んだ声が聞こえる。爽やかな風に乗りキビタキの声も聞こえてきた。若葉の茂るこの季節は、鳥たちの子育ての最中でいつもはあまり鳴かないが、朝早いせいかもしれない。じっと耳を澄ませていると、そよ風が頬を吹き抜け、新鮮な森の空気のありがたさを感じる。何か良いことがありそうな静かな森の朝だ。

「チィーチィー、ニィニィ、チョビチョビチュウチィチィ」美しい声が入り混じって群れが近づいてきた。腰を下ろし見上げると、ひなを連れたシジュウカラの群れがさえずりながら通り過ぎ、メジロやエナガ、ヤマガラもひなを連れて現れた。てんでに行動するひなたちに目を配りながら、捕まえた虫を与えていた。

　辺りは鳥一色で、目の前を飛び回るひな、地面に下りるひな、すっかり鳥に取り囲まれてしまい身動きができなくなってしまった。親鳥は気が抜けない様子であっちに飛び、こっちに飛びしていたが喜びに満ちていた。独り立ちしたひなたちは、これから始まる人生を楽しく過ごしていくのだろう。今は群れからはぐれても親の助けがある。

　以前、水辺に落ちたひなに、懸命に餌をやる親鳥の姿を見た。親は人がいても怖がることなく、目の前を通り過ぎて行く勇気は親子の絆だと思った。みんな離れ離れになり、苦労や危険も多いと思うが、親から受けた愛情を糧に新しいパートナーを見つけ、力強く生きてほしいと願い、森を後にした。今日は鳥たちの素晴らしい絆を学んだ。

水辺で可憐な花を咲かせたミゾホオズキ

ミゾホオズキ
清流に咲く美しい花

ゴマノハグサ科

雨上がりの空気は少し湿っぽいが、乾燥していた草木や大地を潤し、瑞々しい森がよみがえってきた。少し足を延ばし、大雄川沿いの谷川に来てみると、水辺に茂る細いツルヨシが風に揺れ、数匹のミヤマカワトンボが梅雨の晴れ間を惜しむように、忙しそうに飛び交っていた。

川面には、小さな白い花が一面に咲き、モンシロチョウやスジグロシロチョウが舞っていた。水面に浮かぶ白い花は、サラダやお肉の料理に使われるクレソンだった。白い花に交じって筒状の黄色い花が見えた。どこから流れてきたのだろうかと少し上流に向かうと、そこにミゾホオズキの大群落が出現した。

ミゾホオズキは山地に生え

るゴマノハグサ科の多年草で、水のしみ出しているところで見かける。対岸には行けないが、ジャゴケやサワゴケの生えた辺りに美しい水が糸のように細く流れ出し、その下にも小さな群落があった。
花は枝分かれした先端の脇から次々に咲き、水辺を美しく飾っていた。春のような華やかさはないが、花の少なくなってきたこの時期に、川縁一面に咲くミゾホオズキの美しさに心奪われて、しばらく見とれてしまった。
名の由来は、咲き終わった後の萼《がく》に包まれた果実がホオズキのように見えることによる。自然はいつも素晴らしい教師だ。

カミヤコバンゾウムシ

子どもは最良の教師

ゾウムシ科

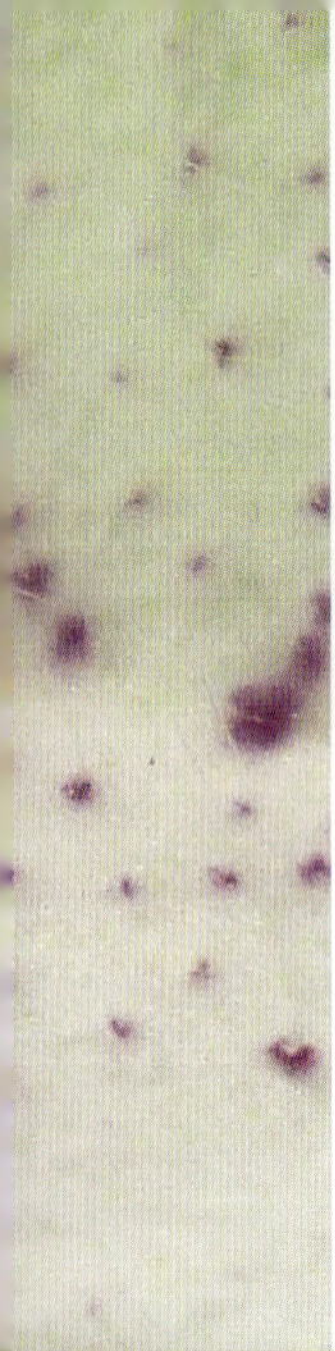

美しいじゅうたんの中を歩くカミヤコバンゾウムシ

山道や道端に、白地に赤紫色の斑点が混じったホタルブクロの花が咲き始めた。ホタルの飛び始めるころ、季節を知らせるように毎年同じ所に生え、うつむき加減にあいさつでもするように美しく咲くので、いつも出会いの楽しみがある。

足柄自然観察会に来ていた小学生が、「ホタルブクロの花の中にゾウムシがいるよ」と教えてくれた。一緒に探すと、3ミリほどのゾウムシが花の奥の方にいた。時々ハチがいたりするので、びっくりしながら注意深く見ていると、交尾した2匹のゾウムシがこちらに向かって登ってきた。花の内側に生えた毛を跨ぎながらのろのろと登ってきているようだが、美しい

じゅうたんの中を歩いているようでもあり楽しそうだ。ピントの合った1枚を見ると、小判のような形をしたカミヤコバンゾウムシの長い口吻《こうふん》と触覚、ホタルブクロの柱頭が写っていた。雌しべの柱頭は三つに割れ、雌花期になり雄しべは自花受粉をしないように枯れていた。これも植物の知恵であろう。

　ハチは花粉を集め、カミヤコバンゾウムシやアリは花の奥にある甘い蜜を探し出していた。小さなゾウムシはどんな秘密を持ち、これからどんな生活をするのだろうか。子どもたちから、また宿題をもらってしまった。自然からの宿題は楽しいものばかりで、子どもは最良の教師である。

ゆっくりと楽しげに活動するオジロアシナガゾウムシ

オジロアシナガゾウムシ
ゆっくり楽しく活動

ゾウムシ科

傘を差しても背中や足がずぶ濡れになる土砂降りの雨の中、野外に出かけてみた。雨は天からの恵みであるが、さすがにチョウもトンボも鳥たちもみんなゆっくりお休みだ。

クズの茎に、鳥の糞のような白黒の模様がついていた。よく見ると、糞に擬態したオジロアシナガゾウムシで、茎にしっかりしがみつき、雨でびしょ濡れの白黒のパンダ模様が美しかった。

雨上がりの午後は、急に暑くなり日差しが眩しい。すっかり乾いたクズの茎にマルカメムシの集団がいて、その集団をよけながら交尾したオジロアシナガゾウムシがやってきて、茎の上を何度も行ったり来たりしていた。長い足は

クズの茎に生えた毛の上を進むのに役立ち、2匹で産卵場所を探している様子だった。
後日、1センチほどのこの虫が、あの堅い茎に口吻《こうふん》を差し込み、長い傷をつけ産卵活動をしていた。のんびりゆっくりしたこんな小さな虫も、子孫を残すために有意義で楽しい活動をしていた。
クズの葉には、かわいい目をしたコフキゾウムシ、マメコガネ、オンブバッタなどが、花の咲く頃にはルリシジミやウラギンシジミもやってくる。クズは繁殖力旺盛でどこにでも伸びる厄介者。人に嫌われるが、虫たちにとっては恵みの植物である。

ニシキウツギ 他

雨の日は雨を楽しむ

左上から時計回りに、飛びはねる雨粒、遅咲きのニシキウツギ、美味しかったニガイチゴ、雨粒で化粧したハラナガツチバチ

梅雨入りをしたとたんに、朝から雨が降ってきた。屋根から落ちてくる雨が見る見るうちにバケツからあふれ「ピシャピシャドドド」と、音を立て飛び跳ねていた。踊るように楽しく飛び跳ねる雨が水晶玉のように美しく、〝雨だれ行進曲〟が聞こえてきそうだ。

こんな日、虫たちは何をしているだろうと思い、出かけた。道端で葉の下に隠れるように咲いている遅咲きのニシキウツギの花に雨粒が付いていた。雨粒は周りの景色を映し出し、大きく膨らむと名残惜しそうに落ちていった。思っていたよりも雨は激しく、先ほどまで聞こえていたアマガエルの声もやみ「ザーザー」と、雨の音だけが響き虫一匹見つからなかった。

びしょびしょになったズボン

と靴が重くなり、帰り道を急いでいると、森の方からメジロとキビタキの声が聞こえてきた。鳥の声を聞き、何となく空が少し明るくなってきた気がし歩く歩調を緩めた。

「キロッキロッ、クワックワッ」と、雨を楽しむカエルの声が聞こえてきた。雨粒で光る赤いニガイチゴを見つけ1粒口に含むと、名前と違う甘さに思わず顔がほころんでしまった。

もう1粒と手を出そうとした時、隣に生えているヘクソカズラの葉裏から、「どう、美味しかった?」と言うようにハチが出てきた。口元や触角そして頭にも透明な水晶を付けたお洒落なハラナガツチバチだった。ハチは、一瞬身震いをすると透明な水晶を飛ばし遠くへ飛んで行った。雨の日も楽しいものだ。

梅雨の晴れ間に、真っ赤で美しいニガイチゴ

ニガイチゴ
疲れ忘れる大人の味

バラ科

梅雨の晴れ間の空は、青く澄み渡り木々の緑に深みを与え森全体が大きく成長しているように見える。土手に生えたひとり生えのカラスザンショウが、高さ3メートルほどで胸高での太さは5センチほどになり逞しく伸びてきた。植樹祭で拡張された道路ののり面には、何も生えていなかったのに4年の歳月で大きく変わってきた。

このの り面にはカラスザンショウ、キブシ、アカメガシワ、オオバヤシャブシ、ニセアカシアなどの木本が目立ち始め、この木陰の下を歩くと涼しいが、日向は本当に暑い。気温を測ると27度、少し暑いなと思い道路の温度を測ると40度を超えていた。

木陰を見つけ、休憩をしながら坂道を歩いていると、先日見

つけたニガイチゴが美しくたわわに実っていた。早速1粒を口に含むと、甘酸っぱい味と名前の由来となった少し苦味のある大人の味がし疲れを忘れた。

ニガイチゴは高さ1メートルほどあり、林縁に生える落葉広葉低木で茎に沢山の棘がある。葉の裏の棘は、茎とは逆向きなので引っかかりやすく注意しなければいけない。棘の向きを変えることで細い茎の働きを補っているのだろう。

どうしてこんな所に生えたのかと考えていたら、メジロがそばを飛んで行った。そうか鳥に運ばれたのだと納得した。カエルが鳴きはじめ、帰り着くと大粒の大雨になった。「親切な気象予報士のカエルさん、本当にありがとう」と感謝した。

左上から時計回りに、金色の光放つゲンジボタル、静かに乱舞するゲンジボタル、幼虫の時は光るオバボタル、ホタルに似たホタルガ

ゲンジボタル 他

命支える水辺の環境

「ザーザーザー、ヒュルルルルーヒュルルルル、ザーザー」。流れる水の音に混じってカジカガエルの鳴き声が聞こえてくる。橋のたもとに佇み耳を傾けていると、カジカガエルの美しい音色が風と共に下流へと運ばれ、その声に呼応するように下からも聞こえてきた。夕闇が押し寄せ、辺りが次第に暗くなると、水の音もカエルの声も何となく小さくなったような気がし、ふわりふわりと金色に光るゲンジボタルが点滅しながら舞い始めた。

　ゲンジボタルは、雌は2センチ、雄は1・5センチほどの大きさ。優雅に飛んでいるようだが、雄は一斉に光りながら飛び草木に止まっている雌の光を探し続け子孫を残す

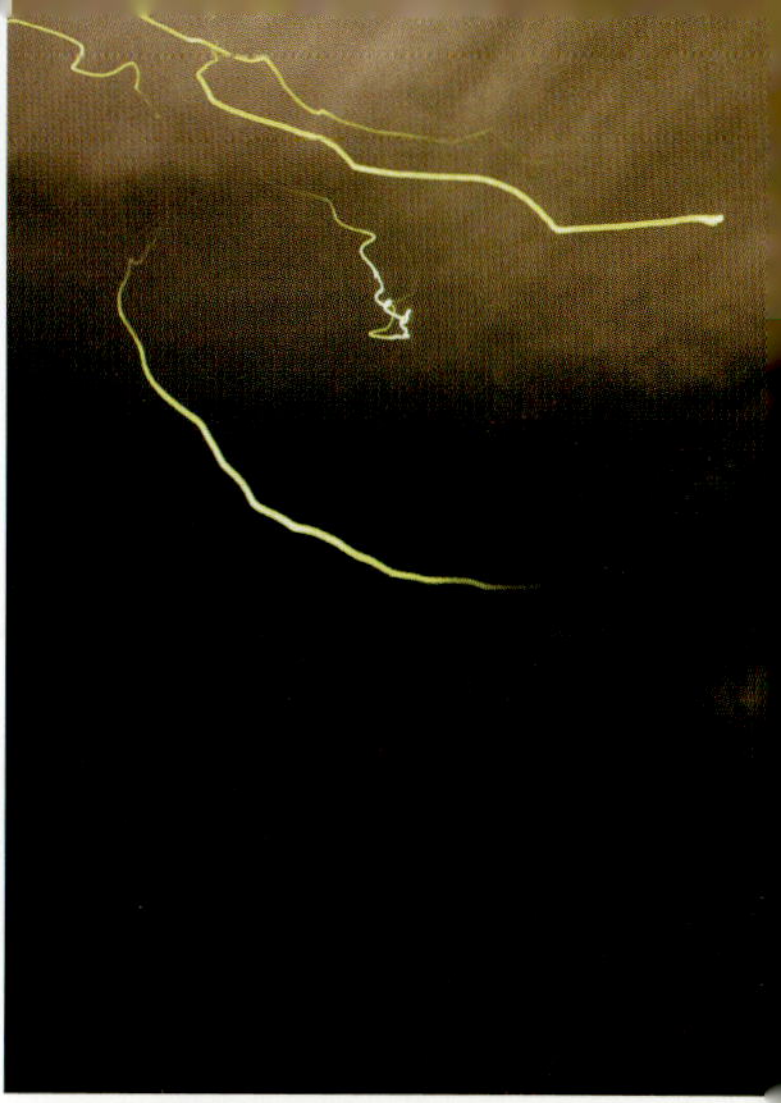

ための準備をしているのだ。4秒に1回のペースで点滅する光は、神秘的で不思議なくらいに美しく人々に驚きと感動を与えてくれる。

その光を見ながら、小さなゲンジボタルがこの地に生まれ命をつないできたことを素晴らしいと思った。そしてこの水辺の環境を守って来たのは心優しい地域の人々のおかげだと思った。

夜の観察会のために下見に行くと、ネズミモチの葉裏に幼虫の時だけ光るオバボタルがいたり、ホタルに似たホタルガもいた。上総川の美しい水、草木の茂る土壌、ホタルやカジカガエル、そして人間にも良い空気、命を支える水辺の環境がいつまでも守られることを願ってやまない。

造形美のように美しいオオトラフコガネ

オオトラフコガネ
心の記憶に残る昆虫

コガネムシ科

木々の間から心地よい風が吹き、キビタキの鳴き声がリズミカルに聞こえてくる。この時期の野鳥たちは、ひなを育てる大仕事も一段落し、楽しいさえずりが聞こえるようになった。近くで「ホーホケキョ」と、ウグイスの鳴き声がし、小さな影が道を横切っていき、続いて、カラスアゲハが横切っていった。

その後に、突っ立つような姿勢で小さな昆虫が飛んで行き葉の上に着地した。あまり気にしなかったが、着地したムラサキシキブの枝先を見ると、「遅いじゃないか」と、いう顔つきでこちらを見ているオオトラフコガネがいた。

オオトラフコガネの体長は15ミリほどと小さいが、ヘラジカの角を思わせるように先

端が3つに分かれていた。大きな触角と茶褐色に黒と黄色の模様が美しい。別名をオオトラフハナムグリといい、花に潜って花粉を食べるハナムグリ（花潜り）と同じコガネムシの仲間だ。

じっと見ていたら数年前、高山の麓で1枚だけ写真を撮った記憶がよみがえってきた。こんなことを考えているうちに、向きを変えあっという間に飛んで行ってしまった。

心の記憶に残っていた昆虫に出合え、旧友に会った時のように心温かくなり足取りが急に軽くなった。

清流にカジカガエルの声が聞こえる大雄川

カジカガエル

水に揺れる自然の声

アオガエル科

「ヒュルルルル、ヒュルルルル…」と、どこからともなく涼しげな鳴き声が聞こえてきた。声が聞こえる方向を見たが、カジカガエルはどこにいるかわからなかった。聞き耳を立てていると、上流からも下流からも風を震わせるような涼しげな声が聞こえてきたが、相変わらずどこにいるのかわからなかった。

ツルヨシが風に揺れ、水辺の緩やかな流れに黄色いミゾホオズキの花が一つ落ちて流れていった。目で追っているとまた一つ流れてきたが、安山岩の側の深みで流れにのまれて見えなくなった。

流れの中に突き出した大きな安山岩にどこからともなくカワトンボが飛んできてそっと羽を休めた。金剛色に光る

翅《はね》を閉じたり開いたりしながら、幼虫の時代を過ごした清流の水辺を見つめていた。
その時急に「ヒュルルルル、ヒュルルルル」と、カジカガエルの鳴き声が聞こえてきた。すぐ隣の石の上に4センチほどの雄のカジカガエルがいた。オタマジャクシの頃はトンボのヤゴに食べられることもあり警戒したであろうが、今は何を心配することもなく隣に飛んできたトンボに聞かせるように水辺を見ながら鳴いていた。
それは、この川をいつまでも守ってほしいと願う声が水に揺れ、風を震わせ自然の声となって私たちに届けられているような気がした。

左上から時計回りに、ニガイチゴの実に向かうセグロアシナガバチ、美味しそうに実を食べる、さらに食べる、残してくれた2粒

セグロアシナガバチ

食べ頃知らせるハチ

スズメバチ科

道端を歩いているとイネ科の植物が多いが、白いドクダミや薄紫色をしたホタルブクロの花が見られるようになり、歩く楽しみが増えた。道端の奥の方にはハンゲショウ(半夏生)のように白くなったマタタビの葉も見えた。その手前には早春に花を咲かせたモミジイチゴの実が見つかった。その一粒は透き通るようなオレンジ色をし、いかにもおいしそうであったが、近くでメジロたちのかわいい鳴き声がしたので譲ることにした。

　しばらく歩くと2匹のアシナガバチが飛んできた。薮の間を注意深く見ながら木々と草の間を旋回していた。狭い空間を上手く飛ぶ技は人間も活用しているが、到底かなわないだろうなどと考えていたら、1匹を見失ってしまった。

　残った1匹は、ニガイチゴの方に飛んで行った。ニガイチゴは別

名ゴガツイチゴといい、白い花を5月ごろ咲かせるが、棘が多いので注意しなければならない。たわわに実った中のおいしそうな一粒を見つけると、いきなり赤い実に止まりおいしそうにかじった。向きを変えてまたかじったが、種の部分は苦いと知っているらしくかじらなかった。お腹《なか》、足、触角の特徴からセグロアシナガバチとわかった。

　次に狙ったのは少し黒ずんでいたが、これもおいしそうに食べると、そばにある2粒を残して満足そうに飛んで行った。残した理由は、まだよく実っていないから、上向きについているので近くの棘に当たり危険だから、などと考えていたが、暑い所で働く私へのやさしいハチからのサービスと思いいただくと苦い種も大人の味がし、疲れを忘れさせてくれた。

左上から時計回りに、揺籃から出てきたオトシブミ、逞しい筋肉のルイスアシナガオトシブミ、飛び立つヒメゴマダラオトシブミ、首の長いヒゲナガオトシブミ

オトシブミ
落とし文の未来手紙

オトシブミ科

梅雨の大雨の日、道路に流された落ち葉の中に黒褐色のオトシブミの揺籃が幾つも交じっていた。拾って林の縁に置き、通るたびに見ていると、幾つかの揺籃に穴が開き1センチほどのオトシブミが数匹生まれていた。

　揺籃とはオトシブミが幼虫の食草となる葉を巻物のように作ったもの。食草となる葉を見つけると、葉の周囲を良く観察し、あちこちに印をつけ、根本に切り込みを入れ萎れてくると葉先から巻き始めるが、その計画から完成までを見ると優れた設計士だと驚く。長い時間かけて揺籃を作る工程の中で産卵をするが、緻密な作業を丁寧に行う忍耐力に感心する。

　ケヤキの若葉を見ると、「助けてくれてありがとう」とでも言うように6ミリほどのルイスアシナガオトシブミが両手をついてい

た。よく見るとケヤキの若葉を「いただきます。ありがとう」と、食べていた。この腕の太さは、体の何倍もある葉を巻くための筋肉だろうと納得した。

　エノキの葉には7ミリほどのヒメゴマダラオトシブミがいて、今にも飛び立とうとしていた。フサザクラでよく見かける12ミリほどのヒゲナガオトシブミも、葉裏に止まり辺りの景色を眺めていた。オトシブミたちは作った揺籃を地面に落とすものと、切り落とさないタイプがいるが、どの揺籃を見ても虫からのメッセージが隠されているようで楽しい。

　「落とし文」は虫たちの作った未来への手紙。虫たちが未来に向かって安心できる環境を残しておきたいものだ。落とし文からのメッセージ、次世代へつなぐ未来手紙をいつまでも大切にしたい。

ヨシノボリ

ハゼ科

多様な魚類が棲む川

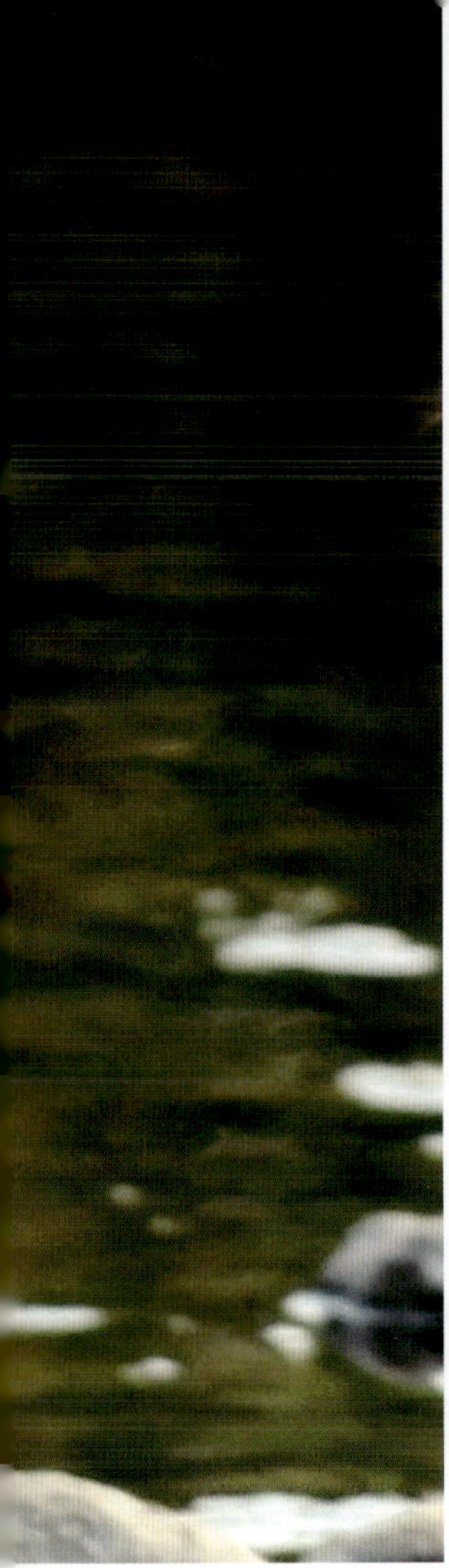

カワセミが捕まえたヨシノボリらしき魚

スズメが群れになって水浴びをし、早く浴びた順に背の高いツルヨシに止まり羽を乾かしていた。一見楽しそうに見える水浴びだが、見張り役、水浴び組、乾かす組と役割分担があり順序良く行われていた。水浴びを見ていると、不意に大きな水しぶきが上がった。スズメが飛び込むはずがないと思い、よく見ると石の上にカワセミがいた。

カワセミが咥えていたのは魚で、首を振るようにしながら何度も石に打ち付けていた。カワセミが良く捕まえる魚は、オイカワ、ウグイ、ドジョウなどが多く、時々トンボのヤゴや外来種のアメリカザリガニもいる。

石に打ち付けるたびに魚についていた水が飛びはねてい

たが、それもなくなり魚は静かになった。この魚はこの狩川で以前よく見かけた川底に棲《す》むカマツカだろうと思っていたが、よく見ると尾びれや頭の特徴からヨシノボリのように見えた。ヨシノボリは、夏の頃に川の合流地点で水中にある大きな岩に生えた藻類を食べているアユを見ていた時に岩の間から顔を出していたのを思い出した。川にはよく来て知っているつもりでいたが、案外知らない事や忘れてしまったことが多いと反省した。

この川にはまだ知らない多様な生き物が生息しているのだろう。ずっと長い間忘れていたことをカワセミに教えてもらい、人は記憶よりも記録することの方が確実と調査研究への意欲が湧いてきた。

オオカマキリ
カマキリの砲丸投げ

カマキリ科

人生を振り返るカマキリ

雨上がりで瑞々しいミズヒキの葉の上に、大きな砲丸を持った1匹のカマキリが悠々と現れた。

左利きの、まだ翅《はね》が生え揃っていない若いカマキリの選手は、それを持ち上げたり下ろしたりと砲丸投げの準備運動に余念が無い。しばらく辺りを見回した後、今度は高い葉の上へと登り始めた。

高い所から投げようと考えたが、左手の砲丸は茎や枝に引っ掛かってばかり。ようやく一番上にたどり着いたとき、予想以上に苦労したのか自慢の触覚は曲がってしまい疲労困憊の様子だ。

今度は、両手で持ち上げ口のそばに持っていった。何かおまじないでもするような仕草をしたり、「ガブリ」と噛

みついたりしたが、砲丸には何の変化も見られなかった。
実は、この砲丸に見えたものはダンゴムシ。カマキリにとって最も大事なカマの部分にダンゴムシが丸まってしまっていたのだ。どんな経緯でこうなったのか〝カマキリ語〟で聞いてみたかった。
自然の中には不思議なことがいっぱい隠されていて、解けない謎も数多くある。しかし、いつかそれが解けるのではないかと挑戦していると急に謎が解けたり、また新しい課題ができたりして楽しみが増えていく。
カマキリは、これから何回か脱皮を繰り返しながら、今日の教訓を人生の糧として成長していくことだろう。

ツバキシギゾウムシ

硬い椿の実と強い虫

ゾウムシ科

ツバキの実に産卵をしたツバキシギゾウムシ

ツバキの花は、花の少ない冬に咲き紅色の花と黄色の葯《やく》が美しく、見ているだけで寒さに負けない元気が出てきたことを思い出した。地面に落ちた花弁の周辺を見ていると黒褐色をした去年の種が落ちていて、そのつややかな種に3ミリほどの穴が開いていたことも思い出した。

花が咲き終わったこの時期になると、黄緑色のつやのある硬い実が幾つも付いていた。もしかして、あの穴を開けた昆虫がいるのではないかと幾つかの実を見たが見つからなかった。諦めかけた時、硬い実の先端に花の名残のようなひげが伸びていてそこに突然ツバキシギゾウムシが現れた。この時期に来てよかったと思った。

ツバキシギゾウムシは、食草がツバキで鳥のシギのように長い口吻《こうふん》を持ったゾウムシが名の由来。体長8ミリほどで口吻はその倍ほどの長さ。茶褐色の体で太ももの辺りが太く力強い感じがする。足先の黄色の模様と翅《はね》の付け根の白い点、かわいい目がお洒落なポイント。

ツバキシギゾウムシは、この細い口吻でツバキの硬い果皮に穴を開け中の種子に産卵をする。子どもの頃、この実を食べられると思いかじったが硬くてまったく歯が立たず、おまけに渋かったことを思い出した。見かけによらず力強い虫だなとあらためて感心した。

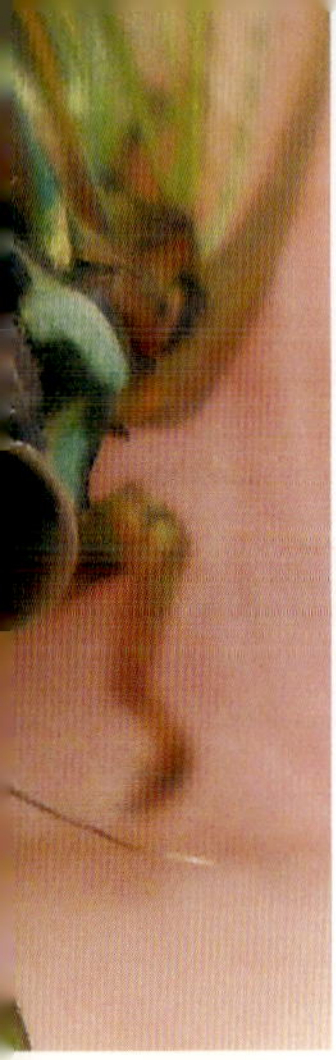

左上から時計回りに、ヒグラシ、ヒグラシの顔、交尾中のミンミンゼミ、アブラゼミの羽化

アブラゼミ

暑い夏とセミの羽化

セミ科

「カナカナカナ、カナカナカナカナ」と、早朝から涼しげなセミの声が聞こえてくる。桜の木の方から聞こえてくるが、木肌の色と同化していてどこにいるのかわからなかった。木漏れ日の朝日が差し込むと、翅《はね》がキラリと光り居場所がわかった。体長（翅の先まで）4～5センチほど、正面から見ると左右に大きな複眼があり触角のそばに3個の小さな単眼が見えた。複眼は物を見るためにあり、単眼は明るさを感じるためにある。

　昼過ぎに子どもたちと歩くと、交尾したミンミンゼミに出合った。子どもたちの目はくぎ付けになり、ああでもないこうでもないと自然の見方の議論が白熱した。

　夕暮れを過ぎ辺りが暗くなると、蒸し暑かった空気が少し涼しげに感じてくる。柿の木を見上げると、背中が割れ今にも抜け出し

そうな白いセミがいた。お腹《なか》の部分がまだ殻の中に残り逆さまの状態であったが、しばらくすると腹筋を使って体を持ち上げ、殻の頭の部分につかまったと同時に体は殻から抜けた。神秘的な瞬間だ。

縮れた小さな翅が、次第に伸び、透き通るような美しい翅に変わった。夏の暑さがアブラゼミの羽化に必要なことだろうが、見ているだけなのに汗が背中を伝わった。それはアブラゼミの命懸けの脱皮を見たからだ。時折吹く風が涼しかったが、セミのためには吹かない方が良かった。

この時期はアブラゼミの羽化が多いが、他のセミの抜け殻も落ちている。大きさや色つや、触角の特徴などを手掛かりにセミの種類を調べてみると、面白い発見が出来ると思う。

サネカズラ

暑さ忘れる美しい花

マツブサ科

暑い夏に咲く美しいサネカズラの雄花

森の朝は涼しい風が吹き、暑さを忘れ歩く足も軽くなる。日当たりに出てもそんなに苦にならなかったが、しばらく経つと残暑が厳しく、いくら拭いても汗が流れ落ちた。大きなクスノキの下で小休止すると汗が引いた。

どこからか鳥の胸毛がフワフワと飛んできて砂利の上に落ちた。するとどこでそれを見ていたのかトカゲが飛び出しその羽に噛みついたが、食べ物でないとわかると急いで吐き出し何食わぬ顔をして去った。

冬の観察会で勾玉《まがたま》の形をした小さな種子を見つけた小学生がいた。「よく見つけたね」「何の種子だろう」と話題になり、みんなで調べたところ、サネカズラの種子とわかりほっとした。その時はどんな花が咲くのだろう

と興味があったが、すっかり忘れていた。

今日の目的は、暑い夏に咲くサネカズラの花。分厚い葉は互生し長さ10センチほどの長卵形で意外に柔らかい。太めのつるを見ながら根気よく探していると、少しうつむき加減に咲く清楚なサネカズラの花が見つかった。

サネカズラは雌雄異株のつる植物で、別名はビナンカズラ（美男葛）。名前のいわれは枝に粘液が多く、男性用の整髪料として用いられたからしい。

花は意外に小さく1・5センチほどで、清らかな黄白色の花弁や萼片《がくへん》と花の色がかわいらしく思わず見とれてしまった。ありのままの自然が織り成す美しさは、暑さを忘れる清涼剤だ。

キオビベッコウ

三平方定理使うハチ

ベッコウバチ科

イオウイロハシリグモを狙うキオビベッコウ

オニグモを運ぶオオシロフクモバチ

どこからともなく現れたハチが、こちらに遠慮なくどんどん近づいてきて靴のそばを通り抜け、セミの穴をのぞき飛んで行った。しばらくすると何か獲物を見つけたらしく、飛びかかって針で刺し重そうにセミの穴に運んできた。一休みのつもりなのか獲物を下ろした。セミの穴と思ったのはハチの巣穴だったのだ。

ハチはオレンジ色の鮮やかな雌のキオビベッコウで、獲物はイオウイロハシリグモだった。キオビベッコウは狩り蜂で、クモに麻酔をかけ巣穴まで運びそのクモに産卵をする。生まれた幼虫は、麻酔のかかったクモを食べ成長する。

他の狩り蜂のオオシロフクモバチを見たのは、日差しの強いアスファルトの上だった。このハチは、オニグモを運んでいたが、急に桜の木に登り始めた。桜の樹上に巣穴を作ったのかなと興味津々で見ていると、

苦労して3メートルほど登ると滑るように飛んで行き、4メートルほど先の巣穴のある草地に着地した。

底辺が4メートルで高さが3メートルとすると、斜辺は5メートルの三平方の定理が成り立つことになる。暑い地面の4メートルを歩くよりも、涼しい桜の木の高さ3メートルに登れば翅《はね》を使って目的地までの5メートルを飛んで行けると計算したようだ。何か暑くて狐につままれたような気がしたが、賢い狩り蜂に出合って三平方の定理を思い出した。目の前を通り過ぎるキオビベッコウもまだ知られていない秘密を持っているのだろう。授業の時こんな面白い話が出来たなら、子どもたちもきっと楽しかっただろうなと思った。

自然の中には、生活に学習に人生に生かせるヒントがたくさん眠っている。

カルガモ母さん逞しく

よしだ　ふみお

田んぼのあぜ道で
生まれたカルガモのひなは
元気いっぱい。

安全確認、
誰も来ないね。
右良し左良し、
急いで渡るよ。

みなさん、これから
食べ物の多い川へ
引っ越しますよ。

「あっ、おかあさん」
「おかあさん」
「おかあさん」
「おかあさん」

あれっおかしいな、
足りない気がする。

側溝に
落ちちゃったのかい。
えらい目にあったね、
さあ急ごう。

みんな無事で
本当によかった。

さあ、ここなら安心。
今夜はここで
おやすみしましょう。

カルガモ親子を
夕日が温かく包んでくれました。

番外編　ちいさなおはなし

ムクドリとお月様

子　お母さん何見ているの
母　梅雨の晴れ間の青い空だよ
きれいだね

母　身体を左に傾けて広いお空を
見上げてごらん
子　楽な姿勢で気持ちいいね

子　まぶしくない優しい太陽だね
母　夜になると金色に光るお月様だよ

母　さあ、そろそろ帰るよ
子　もう少し見ていたいよー

母　さあ、戻っておいで

子　広い空に優しいお月様だね

初めて月を見たムクドリの子ども。月は美しく、それを眺めるムクドリの親子もまた美しい。

索引

あとがき

私の故郷佐賀関の海は、底まで透き通って見えるほど美しく、青い熱帯魚や縞模様の大きな魚が、貝やホンダワラの付着した戦争の面影を残す大きな飛行機の残骸を住処としていた。吸い込まれそうで怖かったが、学校へ行く時間までそこでよく魚釣りをした。内海の漁船の帆柱にカモメやウミネコがいて、青いイソヒヨドリがいつも歌っていた。海の幸は、有名になった関鯵、関鯖、クロメなどその味は忘れられない。山の清流には、青や赤の模様のある美しいヨシノボリが崩れた蛇紋岩の隙間から顔をのぞかせていた。子どもの頃から、海や山はかけがえのない学習の場であった。

◆　◆　◆

草花や木々の芽吹く頃、足柄ふれあいの村への道は植樹祭の準備のため工事中で通れなかった。最乗寺の手前で下車し、山の中を30分ほど歩き通勤をした。途中で見つけたカバノキ科の雄花穂がいつも気になっていたが、小さな赤い雌花が咲きツノハシバミと分かった。その後この木は道路拡張で切られたが、株を頂き植樹したところ1年後に花を咲かせた。大打撃を受けても見事に立ち直るこの植物に、友達のような親しみを感じ生きる力を与えられた気がした。

神奈川新聞で「四季のたより」を書き始めたのは、県西総局（当時）の記者緒方秀行さんがきっかけで、試行錯誤で進んだ1年目はその情熱に後押しされていたように思う。100回が過ぎる頃、多忙になり「そろそろやめようかな」と考えていたが、病にもめげず明るくより良い新聞作りに励む山上大さん（故人）の新聞記者魂に触れ、奮起を促されたことを思い出す。その後、県西総局長の加藤聡さん、西郷公子さん、大塚仁司さんと代替わりされ、最後は編集局次長石曽根剛さんの手を煩わせた。

このたび、西郷さんには「はじめに」のお言葉を、本書の帯については神奈川県立生命の星・地球博物館館長平田大二さんに推薦文を賜り感謝の気持ちでいっぱいである。また、新米教員時代から元横浜市立上白根小学校長足立直義先生、元神奈川県立生命の星・地球博物館専門学芸員生出智哉先生には懇切丁寧にご指導をいただいた。指定管理者アクティオ株式会社の橋本哲也次長、ふれあい教育振興協会時の竹下勉所長、柳川二三一次長さんはじめスタッフの皆さん、温かく見守って頂いた角田はるひさんに厚くお礼を申し上げる。

書籍化に際しては、熱心に勧めて下さった出版メディア部高木佳奈さんの明るい編集作業に助けられた。記して深甚の謝意を表したい。

この本を出版する目的は、長い間教職にあった者の一人として、豊かな自然の中での不思議や驚き、発見や感動といった自然体験こそ人間形成のための情操教育につながると確信しているからである。

最後に、7年間の連載338回を終えるまで声援を送り続けて下さった読者の皆さま、ご近所の皆さまに感謝申し上げ、くじけそうな時もいつも励ましてくれた家族に心からの「ありがとう」を贈りたい。

2016年夏

吉田文雄

望遠レンズをつけた愛用のデジタル一眼レフカメラ「Canon EOS 7D Mark Ⅱ」で撮影する筆者
＝厚木市七沢の県自然環境保全センター

吉田文雄

1943年朝鮮全羅北道全州府生まれ。終戦で一家引き揚げ、大分県北海部郡佐賀関町（現大分市）に定住。鹿児島大学教育学部卒業後、横浜市、厚木市、清川村の小学校・中学校（理科）教諭。厚木市教育委員会、七沢自然教室主幹兼指導主事、社会教育課博物館準備担当。厚木愛甲地区中学校教育研究会長、神奈川県中学校理科教育部会副会長等を経験、平成16（2004）年厚木市立依知中学校校長を最後に定年退職。神奈川県立足柄ふれあいの村学芸員を経て、現在は同県立愛川ふれあいの村学芸員、日本蘚苔類学会、地衣類研究会、日本野鳥の会、横浜植物会、神奈川地学教育会、１級ビオトープ計画・施工管理士、神奈川県フィールドスタッフ（みずきの会）等会員。著書にフィールドガイド『丹沢の植物 春～初夏の花』（丹沢自然保護協会）、『あつぎ自然歳時記』（国書刊行会）、『コケの世界』（共著、エム・オー・エー美術文化財団）、『学研の図鑑・植物』（共著、学習研究社）、『神奈川の植物ときのこ』（共著、暁印書館）など多数。

ブックデザイン　中村由祐子
製　版　　　　　中俣かおり

自然は友だち 春夏編

２０１６年８月７日　初版発行

編著者　吉 田 文 雄

発行所　神奈川新聞社
〒231－8445
横浜市中区太田町2－23
☎045（227）0850（出版メディア部）

印刷所　図書印刷株式会社

ISBN978-4-87645-557-7　C0045

定価はカバーに表示してあります。
乱丁・落丁本はお取り替えいたします。

神奈川新聞からお知らせ

このたびは小社の本をお求めいただきありがとうございました。お手数ですが、今後の参考にさせていただきますので、下記の項目についてお知らせください。

①本書についてのご感想・ご意見、刊行を希望される書物等についてお書きください。
②『自然は友だち　春夏編』に続いて秋冬編を刊行予定です。著者の吉田文雄さんにお願いしたいことはありますか？
③この本を何でお知りになりましたか？
　1．神奈川新聞の広告　2．書店・売店で見て　3．人にすすめられて
　4．書評・紹介記事を見て（新聞・雑誌名）　5．その他

◆アンケートにお答えくださった読者の皆さまには、本書に掲載した写真の撮影年月、場所をリストにした別刷りをプレゼントします。

※指定管理者の変更等で一部不明の個所もあります。可能な限り調べて掲載しますが、あらかじめご了承ください。

応募は必要事項（①、②、③、住所・氏名・年齢・職業・電話番号）を記入の上、返信用の82円切手を同封してご投函ください。お届けは平成２８年9月以降を予定しています。

応募宛先

〒231-8445
横浜市中区太田町2-23
神奈川新聞社クロスメディア営業局出版メディア部
「読者プレゼント」係